物理学的历史与思想

钱 彦 吴海平 阚二军 编著

电子工业出版社

Publishing House of Electronics Industry

北京 · BEIJING

内 容 简 介

本书是在南京理工大学应用物理学专业基础课程的基础上，以当前使用的大学物理优秀教材的内容体系为依据，紧密结合其他物理类课程内容编写而成的，起到宏观纵览物理学整体框架的作用，可为应用物理学专业学生进一步深入学习专业课程做好铺垫。本书条理清晰，语言通俗易懂，注重物理学发展的脉络、物理学思想的呈现及科学与人文的结合。全书主要内容分为两篇：第一篇是经典物理学的发展，介绍了力学的发展、热学的发展、电磁学的发展和光学的发展；第二篇是物理学新革命的爆发，介绍了 19、20 世纪之交的实验新发现和物理学革命、相对论的建立与发展，以及量子理论的建立与发展。

本书可作为各类高等院校理工科专业的课程教材或参考书，也可供旨在了解物理学发展历程或提高自身科学素养的各类人士阅读之用。

图书在版编目（CIP）数据

物理学的历史与思想 / 钱彦，吴海平，阚二军编著. —北京：电子工业出版社，2022.8
ISBN 978-7-121-44163-9

Ⅰ. ①物…　Ⅱ. ①钱… ②吴… ③阚…　Ⅲ. ①物理学史　Ⅳ. ①O4-09

中国版本图书馆 CIP 数据核字（2022）第 151269 号

责任编辑：赵玉山
印　　刷：三河市华成印务有限公司
装　　订：三河市华成印务有限公司
出版发行：电子工业出版社
　　　　　北京市海淀区万寿路 173 信箱　邮编：100036
开　　本：720×1 000　1/16　印张：8.25　字数：185 千字
版　　次：2022 年 8 月第 1 版
印　　次：2022 年 8 月第 1 次印刷
定　　价：32.00 元

凡所购买电子工业出版社图书有缺损问题，请向购买书店调换。若书店售缺，请与本社发行部联系，联系及邮购电话：（010）88254888，88258888。

质量投诉请发邮件至 zlts@phei.com.cn，盗版侵权举报请发邮件至 dbqq@phei.com.cn。

本书咨询联系方式：（010）88254556，zhaoys@phei.com.cn。

前　言

物理学史以物理学家探索科学的史实资料为基础，将自然科学、人文精神、人类思想与科技进步全面融合，是极具教育意义的历史科学，在培养高素质人才的过程中发挥着独特的作用。学习物理学史，有助于我们发展物理整体观、提高科学洞察力、了解科学方法论、提升科技创造力，以及培养科学情怀。

本书是以南京理工大学应用物理专业开设了近20年的"物理学史"课程讲义为基础，对讲义内容进行了整理和扩充，并融入了科学家在科研过程中的思想情怀编写而成的。本书主要包括经典物理学的发展和物理学新革命的爆发两部分，涵盖了力学、热学、电磁学、光学、相对论和量子理论的建立与发展，并与普通高等院校开设的物理类课程内容紧密结合。本书第1、2、5、6章由钱彦编写，第3、4章由吴海平编写，第7章由阚二军编写。

本书在编写过程中得到了南京理工大学教务处、理学院、应用物理系和大学物理实验与教学中心的大力支持，邓开明教授为本书的编写提供了宝贵的资料和建议，在此表示衷心的感谢。

当今正处于一个科学研究你追我赶的时代，物理学知识也是日新月异。由于篇幅有限，本书仅介绍了物理学发展过程中的部分阶段。由于编著者水平有限，难免存在不妥之处，敬请读者提出宝贵意见。

编著者

目　　录

绪　　论

　　物理是最有魅力的科学，它贯穿着我们的生活，支撑着人类的文明，是一门神秘而又神奇的科学。我们总是想了解物理，先揭开它神秘的面纱，再利用物理规律来探索大自然的奥秘。

　　人类文明几千年，现有的物理知识，其实都是在人类与物理世界的长期对话中，经过无数的曲折与反复，越过无数的高山和坎坷，最终总结概括而获得的。有些知识则随着时间的无情推移而成为历史。历史是厚重的，也是人类最为重要的财富。什么是物理？它是如何随着时间的推移不断地进化和发展的？还有哪些大名鼎鼎的科学家，又是什么样的物理思想引导他们接近真理？他们到底做出了什么贡献让自己的名字永载史册？我们又能从中学到什么？这些问题，不同的人会有不同的感悟，并没有统一的答案，但从历史里学习，改跌倒之失败，承站立之经验，却是我们共同的目标。

　　无论身处什么年代，物理学的发展都不会停滞。有时，我们需要归纳前人的观点，总结其中的规律，然后不断完善；有时，我们又需要勇敢地突破现有的局面，构建新的"物理大厦"。因此，我们不仅需要了解物理学中的核心原理，还需要了解历史。历史，一直都是人类文明进一步向前发展的基石，而基石的厚度决定着我们人类社会的发展前景。对于自然科学，只有了解其历史，我们才能摸索到科学发展的方式、思想与规律，从而找到探索未来的方向。

第一篇　经典物理学的发展

物理学的知识以生产实践和科学实验为基础，经过科学抽象上升为理论，再为新的实践所检验，并通过不断修正和完善一步步向前发展。物理学经历的漫长发展过程，大致可分为物理学萌芽时期、经典物理学时期和现代物理学时期三个阶段。

在古代，物理学是包含在自然哲学之中的，是人们依靠并不充分的直接观察和简单的逻辑推理得到的。进入 16 世纪之后，物理学家采用了系统的实验观察、精确的数学方法与严密的逻辑论证相结合的方法来认识自然。此时，物理学才从自然哲学中分化出来，成为一门真正独立的科学。随后，经典力学、热力学和统计力学、电动力学相继建立。到 19 世纪末，形成了经典物理学的完整理论体系。

第 1 章　力学的发展

　　学习物理学一般都是从力学开始的，因为力学是物理学中发展最早的一个分支，和人类的生活与生产关系最为密切。力学讨论的现象都是日常所见的，每个人都有一些力学方面的认知和感悟，总结出的经验也较为丰富。

　　与物理学的其他分支相比，力学的研究经历了更为漫长的时期，从古希腊时代算起，这个过程有两千年之久。公元前 6 世纪左右，古希腊诞生了分别以泰勒斯（Thales，约公元前 624—公元前 547）和毕达哥拉斯（Pythagoras，约公元前 584—公元前 500）为代表的两大著名学派。随着这两大学派的发展和演化，产生了涉及多个领域的多个学派。例如，柏拉图（Plato，公元前 427—公元前 347）的唯心主义哲学、亚里士多德（Aristotle，公元前 384—公元前 322）和阿基米德（Archimedes，公元前 287—公元前 212）的物理学、欧几里得（Euclid，约公元前 330—公元前 275）的几何学等。

　　最早发展运动理论的科学家是亚里士多德，他通过对周围事物的观察，把自然界物体的运动分为"自然运动"和"强迫运动"两种类型："自然运动"就是物体本身能够维持自己的运动，如水从高处往低处流；"自然运动"之外的运动都属于"强迫运动"。亚里士多德对运动的描述与人们日常生活的经验相符，因此被人们广泛接受，在当时哲学与文化中起着核心作用。然而，由于当时人类还没有摸索到正确的科学研究方法，再加上生产水平低下，没有适当的仪器设备，难以认识和排除各种干扰来进行系统的实验研究。因此，从原始的直接经验、生活常识及直觉引申出来的观点，或者采用纯思辨的逻辑方法探讨出来的结果，往往都不是正确的科学结论。

　　到了文艺复兴时期，科学技术加速发展。进入 16 世纪之后，由于航海、战争和工业生产的需要，力学的研究才真正发展起来。这一时期，人们更加关注物体究竟是怎样运动的，物体为什么会进行那样的运动。其中，机械运动是最直观、最简单，也是最便于观察和研究的一种运动形式。而天体的运行提供了机械运动中最纯粹、最精确的数据资料，使人们有可能排除摩擦和空气阻力的干扰，对机械运动取得规律性的认识。因此，天文学首先摆脱了神学的束缚，成为近代科学诞生的突破口。波兰天文学家哥白尼提出了"日心说"，并编写了《天体运行论》一书，标志着自然科学向神学发出第一次严正挑战。丹麦天文学家第谷用了 20 年的时间反复进行天文观测，积累了大量准确的星体运动观测资料，为德国杰出天文学家开普勒的系统研究奠定了基础。1609 年和 1619 年，开普勒先后提出了描述行星运动的"开普勒三定律"，大大推动了天文学和力学的发展。

在文艺复兴运动的冲击下，人们的思想得到解放，逐步摆脱了神学的束缚。在此背景下，意大利物理学家和天文学家伽利略开创了以实验事实为基础并具有严密逻辑体系和数学表述形式的近代科学，被誉为"近代科学之父"。他的两部著作——《关于托勒密和哥白尼两大世界体系的对话》和《关于力学和局部运动的两门新科学的对话和数学证明》，为力学的发展奠定了思想基础。英国著名物理学家牛顿把天体运动规律和地面上实验的研究成果加以综合，建立了牛顿运动定律和万有引力定律，逐步形成了相对完善的经典力学体系，完成了物理学史上的第一次大综合，实现了天上力学和地上力学的统一。

1.1　哥白尼与天体运行论

既然，近代科学的诞生是从天文学上的突破开始的，那么，天文学中矛盾最尖锐的地方，就是最先开始进行科学革命的地方。随着人们对天体运动认识的深入，这个矛盾的焦点逐渐暴露出来，就是古希腊天文学家托勒密（Claudius Ptolemaeus，约 90—168）在公元 2 世纪提出的以地球为宇宙中心的地心说。

地心说继承了古希腊天文学家和数学家欧多克斯（Eudoxus of Cnidus，公元前 408—公元前 355）和亚里士多德的学说，在当时的历史条件下是具有进步意义的，不仅在西方，而且在东方，都起着主导作用。地心说的核心思想是：地球不仅是不动的，而且是宇宙的中心。这个思想是把宇宙设计成大球套小球，小球边上还要穿插小球的复杂圆球体系。这个圆球体系的球心就是地球的球心；恒星、太阳和月亮分布在大小不同的球面上围绕地球做圆周运动；各颗行星，包括水星、金星、火星、木星和土星既要在各自的小球面上围绕地球做圆周运动，又要围绕各自的小球的球心做圆周运动，也就是行星沿着本轮做圆周运动，本轮的中心又在以地球为中心的均轮上做圆周运动。这样才能解释为什么从表象上可以看到行星、太阳、月亮离地球的距离是不断变化的。

地心说在长达一千多年的时间内被人们广泛接受，是因为人站在地球上看天象，很自然地认为日月星辰都是围绕着地球旋转的。而且虽然这种宇宙观只是古人靠肉眼从局部直接观察所得的印象中总结出的一种对宇宙的看法，但它也来源于实际的观察。

托勒密是一位知识渊博的天文学家，他以观察为依据，在对自己建立的模型不断修正之后，最终得到了为人熟知的"地心说"模型。由于他采用的以地球为中心的模型本身是错误的，因此结果越是修正，越是使地心说变得复杂。到了 16 世纪，本轮已增加至 80 多个，对各行星的描述也越来越不能和谐统一。但在当时，目视天文观测的精度很低，按照地心说预报的行星位置与实际位置相差不多，而且符合宗教信仰，因此地心说被欧洲中世纪的教会统治者所利用，成为神学的一个支柱。

14～15 世纪，随着生产的发展，欧洲出现了新的文化运动——文艺复兴。它的主要内容就是反对中世纪的神学世界观，摆脱教会对人们思想的束缚。由于天文学的发展越来越多地揭示了地心说的荒谬，于是以哥白尼为代表的一场关于宇宙观的革命拉开了序幕，人们把这场革命称为"哥白尼革命"。它推翻了自古希腊以来一直占据统治地位的地心说，打开了自然科学的大门。

哥白尼像

尼古拉·哥白尼（Nicolaus Copernicus，1473—1543）是波兰杰出的天文学家和数学家。1473 年 3 月 19 日，哥白尼出生在波兰的一个商人家庭。他 10 岁丧父，由舅父抚养长大。他的舅父知识渊博，思维活跃。受其影响，哥白尼自幼热爱自然科学，喜欢独立思考。1491 年，他进入波兰以天文学和数学著称的克拉科夫大学学习，攻读天文学，在这里他学会了使用天文仪器进行观测。1496 年，哥白尼到文艺复兴的中心——意大利留学，在那里他结识了文艺复兴运动领导人之一——天文学教授诺瓦拉（Domenico di Novara，1453—1504）。诺瓦拉教授关于托勒密地心体系不符合数学的和谐原则的评论，对哥白尼的启发很大。

1503 年，哥白尼回到波兰任牧师职务，但他仍坚持进行天文学观测和新的宇宙体系的研究，并在教堂的箭楼建立了一个小天文观测台，自制了一批观测仪器，如四分仪、三角仪、等高仪等，进行观测和计算。

起初，哥白尼也是以托勒密的地心说体系为基础来研究天文学的，但他想找到一个比地心说体系简单的模型。经过研究和思考，哥白尼认为，地心说体系之所以过于烦琐，是因为它把地球的三种运动（自转、公转和地轴的回转）都强加给了每一个天体。要消除地心说体系里不必要的复杂性，唯一的出路就是把类似于地心说中行星绕地球的运动赋予地球本身，只有月球绕地球转动。

哥白尼主张宇宙是球形的，大地也是球形的，天体的运动是匀速的、永恒的圆周运动或是复合圆周运动。他也深受柏拉图哲学的影响。柏拉图高度赞美太阳，认为它与其他行星迥然不同，太阳是人类知识的源泉。因此，哥白尼提出了一个以太阳为中心的宇宙体系——"日心说"体系。在这个体系中，天体由远及近的顺序是：恒星不动；土星 30 年转一周；木星 12 年转一周；火星 2 年转一周；地球和月球 1 年转一周；金星 9 个月转一周；水星 80 天转一周。

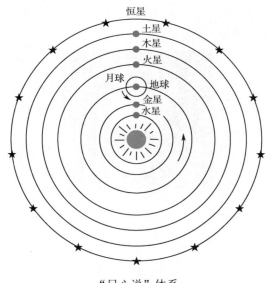

"日心说"体系

哥白尼运用相对运动的原理，研究了地球的运动，并论述了地球的三种运动造成的一系列现象，如昼夜交替、四季轮回、太阳和黄道十二宫的出没等。他系统研究了月球的运动和日月食，以及行星的运动。他认为行星视运动由两种运动合成，分别是由地球运动引起的"视差动"和行星自身的绕日旋转。

由于担心教会的谴责，哥白尼迟迟没有公开发表自己的见解。1530 年，他将自己的学说写成一个小册子《纲要》，以手稿形式在友人中流传。直到 1542 年，在生命垂危之际，他才同意将《天体运行论》交付印行。1543 年 5 月 24 日，一本刚印好的《天体运行论》被送到哥白尼的病榻上，几小时之后，这位伟大的科学家与世长辞。

《天体运行论》分为六卷，具体如下。

第一卷：总论，主要介绍了日心说的基本思想，即太阳居于宇宙中心，地球和其他行星以圆形轨道绕太阳运行。

第二卷：用三角学论证天体运动的基本规律。

第三卷：论述地球的运动、太阳视运动、岁差和黄道赤道交角的测定。

第四卷：论述月球的运行和日月食。

第五、六卷：论述五大行星（水、金、火、土、木）的运动。

为了掩护出版，《天体运行论》的序言宣称本书中的理论不一定代表行星的真实运动，因此许多天文工作者只是把这本书当作计算行星星历表和预测行星位置的工具书。在该书出版后的 70 年间，并未引起罗马教廷的注意。后因意大利哲学家布鲁诺（Giordano Bruno，1548—1600）和著名物理学家伽利略公开宣传日心说，危及教会的思想统治，罗马教廷开始对这些科学家加以迫害。布鲁诺被判处死刑，在罗马被活活烧死，伽利略则被终身监禁。自 1616 年起，《天体运行论》被教会列为禁书。

应该说，哥白尼日心说体系的建立，是深受毕达哥拉斯学派和谐思想影响的结果，不仅有科学根源，还有深刻的哲学根源和历史根源。而且，这也和哥白尼的思想及研究方法是分不开的。哥白尼在谈到自己的思想时曾经说过："这种想法看起来似乎荒唐，但是前人既然可以随意想象用圆周运动来解释星空现象，那么我更可以尝试一下，是否假定地球有某种运动能比假定天球旋转得到更好的解释。"他认为，理论的发展要从实际出发，要依照实际来修正理论的谬误。他将当时所有的观测资料进行了分析和归纳，从错综复杂的表象中挖掘其中的规律，发现没有矛盾之后，才把日心说理论确定下来。由此可见，哥白尼的创造道路包括论证旧学说—发现地心说的不合理性—做出新假设—形成新体系—检验新体系等步骤，这些正反映了现代物理学研究中的方法论的要素。

由于科学发展的历史局限性，哥白尼的日心说本身也不够完善，如天体运动的圆形轨道后来逐步地被修正和补充。其实当时大部分古希腊学派的天文学家都拘泥于圆周上的匀速运动，认为天体的运动必然是圆形的、等角速度的，因为当时的思想就是圆形才是完美和谐的象征。1609 年，开普勒提出行星运动的第一定律，他用椭圆形轨道代替圆形轨道，描述了行星绕太阳运动的规律。1687 年，牛顿出版的旷世巨著《自然哲学的数学原理》一书中指出，行星绕太阳运动的轨道呈椭圆形的原因是太阳和行星之间引力的平方反比规律。

总的来说，日心说体系虽然没有解决天体运动的物理机制问题，但它为揭示自然界中机械运动的一般规律开辟了一条途径，为自然科学中机械论自然观的诞生奠定了基础。它不仅引起了人类宇宙观的巨大变革，而且推动自然科学向神学发起了第一次严正的挑战，从根本上动摇了欧洲中世纪宗教神学的理论基础，"从此自然科学便开始从神学中解放出来""科学的发展从此便开始大踏步前进"。

1.2　开普勒三定律

严格说来，哥白尼的日心说模型还只是一个几何模型，不能算是物理模型。进一步在物理上对哥白尼学说做出发展的是开普勒和伽利略。

约翰尼斯·开普勒（Johannes Kepler，1571—1630），德国天文学家、占星学家和数学家，1571 年 12 月 27 日出生于德国威尔的一个贫民家庭。由于是早产儿，开普勒的体质很差，4 岁时就因病手部残疾、视力衰弱。他年轻时靠占星算命谋生，占卜的方法是将被占卜者诞生时的星象填写到一张标有天球十二宫的星图上，并根据星图的内容来预测占卜者的运势。但开普勒对这种方法持有怀疑态度，他认为这种方法没有依据，观察天体运动的真正形态、找到天体运动的规律才是科学的。

1587 年，开普勒进入杜宾根大学学习神学和数学。在学校，他遇到了秘密宣传日心说的天文学教授迈克尔·马斯特林（Michael Maestlin，1550—1631）。开普勒由于深受毕达哥拉斯学派和新柏拉图学派数学神秘主义的影响，被哥白尼日心说体系的优美和简洁所震撼，很快成为哥白尼学说的忠实拥护者，并下定决心致力于天文学研究，以完善日心说体系。

随着研究的深入，开普勒发现哥白尼把所有行星的运动看作以太阳为圆心的匀速圆周运动与实际观察到的数据有不小的出入，这种轨道的模型过于简略。于是当时 24 岁的开普勒充分发挥了他的想象力和数学才能，开始对行星轨道进行新的探索和研究。经过极其复杂和艰苦的运算，开普勒终于找到了所谓哥白尼体系中行星轨道之间的这种数学和谐。1596 年，他最早的关于宇宙论方面的著作《宇宙的奥秘》出版。在这本著作中，开普勒以哥白尼的学说为依据，提出了通过在行星轨道之间作正多面体的方法来描述行星轨道的分布规律。而且，开普勒还提出了一个猜想：太阳将沿着光线辐射方向给每个行星一种推动作用，使得行星沿着各自的轨道绕日运动，距离越远，推动作用越弱。

现在我们知道，开普勒用正多面体图形描述行星轨道是具有偶然性的，在更多行星被发现之后，这种图形已经失去了价值。并且，行星绕日运动不是由于太阳的推动作用，而是由于万有引力。但开普勒因为这本书成为第一个公开支持哥白尼学说的天文学家。他还试图找出现象背后的物理机制，这种思想打破了希腊天文学传统，已经具有现代天文学的理念。

开普勒像

　　开普勒知道自己并没有真正揭开宇宙的奥秘，就带着著作求助于自己十分敬重和崇拜的丹麦天文学家、近代天文学的奠基人第谷·布拉赫（Tycho Brahe，1546—1601）。第谷于 1546 年 12 月 14 日出生在丹麦的一个律师家庭，1559 年到哥本哈根大学读书。1560 年 8 月，通过一次日偏食观测，他对天文学产生了浓厚的兴趣。1563 年，他写出了第一份天文观测资料，记载了木星、土星和太阳在一条直线上的情况。1566 年，第谷在德国罗斯托克大学攻读天文学，从此他开始了毕生的天文研究工作。经过 20 年的天文观测，他积累了大量准确的星体运动观测资料，被后人誉为"星学之王"。1601 年 10 月 24 日，第谷逝世于布拉格，终年 57 岁。

第谷像

　　第谷曾经是皇家御用的占星师，他一直想要绘制一张精密的天体运行表。1576年，第谷说服丹麦国王，在丹麦与瑞典间的赫芬岛上建造了一座天文台。这座天文台是世界上最早的大型天文台，耗资黄金 1t 多，配备了齐全的仪器，据说还配置了一台当时世界上最大的四分仪。第谷在这里用了 20 多年的时间进行高精度观测，取得了一系列重要的成果。他测量出的各个行星角位置的误差仅为 2′。

1599 年丹麦国王死后，新国王身边的人认为第谷的观测无益于占星术，是在浪费财力。面对这些人的质疑和排挤，最终第谷在波希米亚皇帝鲁道夫二世的帮助下，移居布拉格，并建立了新的研究所。当时，怀才不遇的开普勒还在靠占星维持生计，他听说这个消息之后，立刻前往布拉格，想要拜第谷为师。第谷是一位非常优秀的观测家，但是他的数学功底不是很好，以至于手里堆积了大量观测到的原始数据，却无法从中计算出行星运行的轨道。巧合的是，开普勒刚好拥有杰出的数学才能。1600 年，第谷邀请开普勒成为自己的助手，并且十分信任开普勒。第二年第谷就逝世了，在临终前，第谷对开普勒留下了嘱托："我一生中，都以观察星辰为工作，我要得到一种精确的星表……现在我希望你能继续我的工作。我把底稿都交给你，你把我观察的结果出版出来，题名为《鲁道夫星表》，我们至少要用这一点报答鲁道夫国王……"

第谷清楚地认识到，要认识行星运动的规律，必须要积累高精度的测量数据，并且身体力行地测出了大量的原始数据。这个过程中，他坚持不懈、一丝不苟地进行科学观察的精神，将永载史册。但是，第谷始终没能跳出错误的宇宙观。第谷本人不接受任何地动的思想，甚至提出过一个介于托勒密地心说体系和哥白尼日心说体系之间的折中宇宙模型：地球本身是不动的，所有行星都绕太阳运动，而太阳率领众行星绕地球运动。因此，他的体系其实还是属于地心说的。

第谷的大量极为精确的天文观测资料，为开普勒的工作创造了条件。开普勒则不负第谷所托，建立了伟大的行星运动三定律，从而奠定了近代物理学的又一重要理论基础。

由于第谷遗留下来的观测资料中，火星的资料最为丰富，因此开普勒选择火星作为研究对象。他发现利用哥白尼提出的模型，如果按照正圆轨道编制火星的运行表，火星总是"出轨"。随后他采用偏心圆模型加以修正，进行了大约 70 次的尝试之后，发现火星运行轨道与第谷观测的数据之间仍有 8′ 的误差，相当于秒针 0.02s 内转过的角度。由于在第谷的身边工作过，开普勒坚信第谷的测量工作是严谨的，只可能是理论不正确造成的。经过反复核算，开普勒得出结论：火星的轨道不是圆形，它的运动也不是匀速运动，运动速度和它与太阳之间的距离有关。经过多次尝试之后，他最终确定火星的轨道是椭圆。放弃圆形轨道这种选择，在当时是一件很不容易的事情，因为圆形美满的思想从古希腊时期开始，就在天文学家心中根深蒂固了。1609 年，开普勒出版了《新天文学》一书，他在书中首先介绍了"开普勒第一和第二定律"。

开普勒第一定律——椭圆定律：所有行星都分别沿大小不同的椭圆轨道绕太

阳运动，太阳在椭圆的一个焦点上。

开普勒第二定律——等面积定律：行星运动时，连接行星和太阳的线，在相等的时间内，永远扫过同样大小的面积。

开普勒提出第一定律和第二定律之后仍然不满足，因为各行星虽然都有自己的椭圆轨道半径和运动速度，但这些时间和空间量彼此之间没有什么联系。他想找到一个适合所有行星轨道的"总体模式"。他继续进行观测研究，并于 1619 年出版《宇宙和谐论》一书。在这本书中，他提出了行星运动的开普勒第三定律——和谐定律：行星公转周期的平方与轨道长半轴的立方成正比。

从开普勒的研究之路可以看出，他的研究方法是运用数学手段对第谷的数据资料进行系统的分析和整理，从比较简单的几何关系走向比较复杂的函数关系。这项工作需要进行大量而又繁杂的数学计算，毫无疑问，开普勒要有相当大的毅力才能把这项工作坚持下来。而且，开普勒研究观测所得事实的方法和理念，对物理学的发展也具有深远的影响。1930 年，爱因斯坦在纪念开普勒逝世 300 周年发表的文章中写道："在我们这个令人焦虑和动荡不定的时代，难以在人性中和在人类事物的进程中找到乐趣，在此时想起像开普勒那样高尚而纯朴的人物，就感到特别欣慰。在开普勒所生活的时代，人们从根本上还无法确信自然界是受规律支配的。他在没有人支持和极少有人了解的情况下，全靠自己的努力，专心致志地以几十年艰辛、坚忍的工作，进行行星运动的经验研究，以及这种运动的数学定律的研究。使他获得这种力量的，是他对自然规律存在的信仰。这种信仰该是多么真挚呀……"

由于光学与天文学联系紧密，开普勒在光学领域也有卓越的贡献，可以说他是近代光学的奠基人之一。他在光学领域的作用和伽利略在力学领域的作用相仿。1611 年，开普勒出版了《折光学》一书，阐述了光的折射原理。他研究了透镜和透镜组的成像问题，证明了透镜所成的实像是倒立的。他采用的作图方法，为光学问题的研究提供了新的手段。此外，开普勒最早从光学角度成功地研究了人的视觉问题，开创和发展了研究视觉理论的正确道路。在此基础上，他还阐述了近视眼和远视眼的问题，认为视觉模糊的原因是物体的光通过水晶体而产生的像没有落在视网膜上。可以看出，开普勒是一位将实验与理论紧密结合的优秀科学家。与古代哲学家相比，他的物理学思想最显著的一个特点就是重视实验，更具有务实精神，对真理的执着胜于对神灵的崇拜，脚踏实地，不迷信权威。

1612 年，鲁道夫二世被迫退位，继任的新国王对天文学不感兴趣，辞退了开普勒。由于瘟疫和战争，开普勒一家生活异常艰辛，但他仍然不忘第谷的嘱托。1627 年，开普勒根据他的行星运动三大定律制定的《鲁道夫星表》终于出版了，这是当时最精确的天文表，与观测到的行星位置充分吻合，因此具有重大的实用价值。

1630 年，年迈的开普勒为了开展一项新的研究项目，到雷根斯堡去索取别人欠他的薪金却处处碰壁。1630 年 11 月 15 日，开普勒病逝于雷根斯堡，终年 59 岁。他的一生，贫穷多病，几乎都生活在逆境中。尽管如此，为了破解天体的奥秘，他一生都在奋斗，最终荣获了"天空立法者"的称号，为经典力学的确立奠定了良好的基础。

1.3　运动学的奠基人——伽利略

和开普勒几乎同处一个时代，同样献身于哥白尼学说的人是伽利略，只是和开普勒始终围绕天体进行研究不同，伽利略是以地面物体的运动为出发点进行研究的。

伽利略·伽利雷（Galileo Galilei，1564—1642），欧洲文艺复兴时期意大利伟大的物理学家、天文学家、哲学家和数学家，他为推翻以亚里士多德为旗号的经院哲学对科学的禁锢，改变与加深人类对物质运动和宇宙的科学认识而奋斗了一生。他在对物理现象进行实验研究的同时，把实验方法与数学方法、逻辑论证相结合，从而掀起了一场科学革命，为建立在实验基础上的近代科学的诞生揭开了序幕，因此被誉为"近代科学之父"。

伽利略像

经院哲学是从亚里士多德的主要观点出发，加上哲学思辨发展而来的。经院哲学认为科学的根本目的在于适应神学，知识不必来自实践，而是存在于教义之中，这无疑成为自然科学发展的障碍。亚里士多德的物理结论本身也存在严重的谬误。例如，若物体不受力，运动即停止；物体越重，下落速度应该越大；地球是宇宙的中心，太阳、行星和月球围绕它转等。现在看来，出现谬误的主要原因在于他的物理结论只是定性的而非定量的，没有将研究建立在数学的基础上，没有采用归纳法，也没有用关键性的实验去检验自己推断出来的结论。更加不幸的是，他的某些观点符合封建宗教统治者的利益，被加以利用，凡是反对亚里士多德科学观点的人，便有被教会定为异端的危险。但正是由于这种背景，文艺复兴后期的显著成就才愈发让人印象深刻。爱因斯坦评价伽利略说："伽利略的发现及他所用的科学推理方法是人类思想史上最伟大的成就之一，而且标志着物理学的真正开端。"

1564 年 2 月 15 日，伽利略出生于意大利比萨城，父亲是一位音乐家。伽利略17 岁时遵从父命进入比萨大学学医，但他喜欢钻研数学、物理等自然科学，并利用自制的仪器进行科学实验。1582 年冬，数学家里奇将伽利略引入自然科学领域中，从此伽利略更加积极地研究、观察各种自然现象，思考各种问题，并进行实验。传说，伽利略曾注视悬挂在教堂顶端的大吊灯的摆动过程：当大吊灯有规律地摆动时，尽管摆动的幅度不同，但是吊灯每次往返所需要的时间好像一样。于是伽利略利用自己脉搏的跳动，和擅长的音乐节拍测算，最后得出吊灯摆动的时间完全一样的结论。回家以后他用两根同样长的线绳各系上一个铅球做自由摆动实验，最后得出单摆摆动等时性的结论。此后，伽利略一直不断进行摆动等时性应用方面的研究，直到晚年还在设计单摆时钟。

在欧洲造船技术，采矿、冶金技术兴起的背景下，伽利略开始研究合金的物理性质。他阅读了很多古希腊和阿拉伯的学术著作，从中汲取了大量的知识。1585年，伽利略证明了一定质量的物体受到的浮力与物体的形状无关，只与比重有关，他制作的"小天平"可以很方便地应用于金银交易。1586 年，他写了一篇名为《小天平》的论文，其中讲述了小天平的构造原理和使用方法。1587 年，他又结合数学计算和实验写了名为《论固体重心》的论文，解释了什么叫重心，并给出了几种固体重心的计算方法。这些成就使伽利略引起了学术界的注意。1589 年，年仅25 岁的伽利略在友人吉杜巴尔多伯爵的推荐下，被聘为比萨大学教授。任教期间，伽利略仔细阅读了亚里士多德的《物理学》等著作，认为其中许多是错误的。他整天忙于实验研究，目的是要检验历来被认为是"金科玉律"的亚里士多德学说。他的做法无疑引起了一些顽固学者的反对，最终他在 1591 年于一片诽谤声中愤然辞职。

1592 年，伽利略移居到威尼斯，任帕多瓦大学数学教授。由于威尼斯离罗马较远，教会势力和亚里士多德学派的势力较小，伽利略在这里工作了 18 年，这是他科学生活的黄金时期。刚开始，他主要从事力学方面的研究。在此期间，他研究了自由落体定律和抛体运动，在研究过程中创立了运动学的基本概念，并把实验观察、数学推算和逻辑论证有机结合。他反对将运动分为"自然运动"和"强迫运动"，而是从运动的基本特征量出发，将运动分为匀速运动和变速运动，并在此基础上驳斥了亚里士多德的落体学说。对亚里士多德关于"重的物体比轻的物体下落得快"及"力是维持物体运动的原因"等错误观点的否定和纠正，就是经典力学产生的重要标志。

为了探讨物体自由下落时所遵循的运动规律，伽利略设计了著名的"斜面实验"：一个长度超过 5m 的木板，中间挖一道很光滑的槽，并铺上光滑的羊皮纸，使小球在其中滚动；斜面越陡，球滚动越快，当斜面与地面在垂直的极限情况下，则小球自由下落。他通过数学推导出落体运动为匀加速运动，下落的距离与时间平方的比值是个常量；物体下落的速度仅与斜面的垂直高度有关，与斜面的长度无关。他还发现，一个小球从斜面上滚下后，接着可以滚上另一个斜面；如果斜面的垂直高度相同，只是长度不同，则小球每次能到达的高度都是相同的，只是所需的时间不同；斜面长度越长，所需时间也越长，如下图中的（1）和（2）所示。若把第二个斜面放到水平状态，小球会以相同的速度一直运动下去，这实际上就是"惯性定律"，如下图中的（3）所示。这个实验表明，外力不是维持物体运动的原因，而是改变物体运动状态的原因。对于抛体运动，他则认为做抛体运动的物体，不仅将同时参与一个匀速的水平运动和一个匀加速的下落运动，而且这两个运动不会相互干扰，是两个独立的运动。

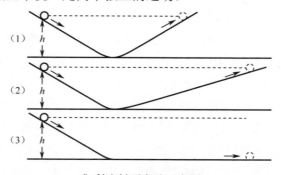

伽利略斜面实验示意图

伽利略还指出，在行驶的船上，只要船的运动是均匀的，也不忽左忽右摆动，则人们所观察到的现象同船静止时完全一样。例如，从行驶的船的桅杆上落下的石子仍会落在桅杆脚下；人们跳向船尾不会比跳向船头更远；从挂着的水瓶中滴下的水滴仍会滴进下方的罐子里；蝴蝶和苍蝇四处飞行，决不会向船尾集中，或者是为了赶上船的运动而显出疲劳的样子。这些现象表明，在船里所做的任何观察和实验，都不能够判断船究竟是在运动还是停止不动。这就是力学相对性原理，它标志着物理思想的一个重大突破。而这个思想的再一次突破，则体现在爱因斯坦在 20 世纪初创立的相对论中。

从伽利略的这段研究过程可以看出，他的思想方法是首先对现象进行观察，其次提出科学假设，再次运用数学和逻辑的手段得出结论，最后通过物理实验对结论进行检验，此外对假设进行修正和推广，逐步形成理论。这种方法，使物理学摆脱了依靠形而上学的思辨、直觉、猜测、简单的观察和定性的议论的状况，一直到今天还具有强大的生命力。值得指出的是，伽利略设计的实验，有些是想象中的实验。这些实验建立在可靠的事实基础上，把实验事实和抽象思维结合起来，突出事物的主要特征，化繁为简，易于认识其规律性。而以理想实验并通过数学逻辑的推导得出结论，这就是伽利略的伟大之处。

1604 年 10 月 9 日，蛇夫座超新星（后被称为"开普勒超新星"）的出现，让伽利略将科学研究的重心转移到了天文学。但是如何进行研究却是个很大的问题。伽利略发现，此前的物理学通常只有定性的描述，而天文学的研究却需要精密细致的测量，应该坚持将观察、实验、测量、数学作为从事科研工作的基础。

1609 年 7 月，伽利略听说荷兰的一个眼镜商人偶然发明了供人赏玩的望远镜。同年 8 月，他就根据传闻及折射现象，找到铅管和透镜，制成了一台 3 倍望远镜；20 天后改进为 9 倍，并在威尼斯的圣马克广场最高塔楼的顶层展出，轰动一时；11 月，他又制成 20 倍望远镜并用来观察天象。伽利略从望远镜中看到，月球表面并不像亚里士多德说的那样是平滑的，而是凸凹不平、山峦迭起的；木星上有 4 颗卫星围绕它旋转，这表明在地球以外存在着不以地球为中心的天体。1610 年，他将望远镜放大倍数提高到 33 倍，不仅测得了太阳黑子的周期性变化与金星的盈亏变化，还看到银河系中有千千万万颗星星。这些发现是对哥白尼日心说的有力支持。他将自己的发现写信告诉了开普勒，开普勒立即回信给予了伽利略热情的支持。就这样，伽利略边观察边总结，并于 1610 年 3 月在威尼斯出版《星际信使》一书。其中展示了他的观察成果，同时比较隐晦地宣传了哥白尼日心说的观点。

经过不断的观察与研究，伽利略逐步成为哥白尼日心说的忠实拥护者，他用越来越多的实验和论述有力地驳斥了地心说。对于封建统治阶级来说，这显然是个威胁，伽利略的名字因此被列入了罗马宗教裁判所的黑名单。1611 年，宗教裁判所向伽利略发出警告，不准他宣传哥白尼的日心说。但伽利略对这种无理的警告不予理睬，他决定继续弘扬真理，采用文章和信件等方式支持和宣传日心说。

1616 年年初，罗马教廷当面警告他，禁止他以任何形式宣传哥白尼的日心说。1616 年 3 月 5 日，宗教裁判所以哥白尼学说与圣经相矛盾、违反教义、威胁真理为理由，将《天体运行论》列为禁书，伽利略被迫声明放弃哥白尼学说。

在教廷的压制下，伽利略只能秘密继续进行科学研究工作并着手写书。1632 年，伽利略出版了《关于托勒密和哥白尼两大世界体系的对话》一书，书中包括三个人的对话，其中一个人代表托勒密，一个人代表哥白尼，第三个人则代表伽利略自己。他对前两人的讨论做出判断，用新的事实和论据来为哥白尼辩护，宣传新的宇宙观。该书一经出版，立即受到广大读者的欢迎，影响极大，这就再次冒犯了教会的尊严。几个月后，伽利略就遭到了严刑审讯。1633 年 6 月 22 日，伽利略被迫在悔过书上签字，随后被终身软禁，《关于托勒密和哥白尼两大世界体系的对话》也被列为禁书。但伽利略仍然没有停止科学活动，在软禁期间他又写了《关于力学和局部运动的两门新科学的对话和数学证明》一书，该书于 1637 年年底在荷兰秘密出版。这本书也是以三位学者在四天内的谈话形式书写的。"第一天"是关于固体材料的强度问题，反驳了亚里士多德关于落体的速度依赖其重量的命题；"第二天"是关于内聚作用的原因，讨论了杠杆原理的证明及梁的强度问题；"第三天"讨论了匀速运动和自然加速运动；"第四天"是关于抛体运动的讨论。

伽利略晚年一直过着监禁生活，年过七旬时双目失明。1642 年 1 月 8 日，由于遭受长期的摧残与迫害，伽利略离开人世。由于当时他被认为是教会的罪人，所以只能被安葬在一处偏僻的私人墓地里。直至 1737 年，即过世 95 年后，伽利略的遗体才终于被同意迁至佛罗伦萨圣十字教堂。1757 年，伽利略去世 115 年后，教会做出决定，解除对伽利略著作的禁令。直至 1979 年 11 月，罗马教廷才公开承认伽利略在 17 世纪所受的教廷审判是不公正的，科学巨人伽利略沉冤得雪。所以，教会的监禁，虽然能够囚禁伽利略的身体，却无法阻挡科学前进的脚步。这充分表明真理是永远不可战胜的！

1.4 牛顿的伟大综合和理论飞跃

17 世纪初期，英国新兴资产阶级占据统治地位，他们十分重视科学技术的发展。到 1650 年前后，伦敦成了欧洲科学技术的中心，涌现了玻意耳（Robert Boyle，1627—1691）、胡克（Robert Hooke，1635—1703）、哈雷（Edmond Halley，1656—1743）和牛顿等许多著名的科学家，也出现了讨论各种科学问题的学术团体。

1643 年 1 月 4 日，伽利略过世一年后，牛顿出生了。艾萨克·牛顿（Isaac Newton，1643—1727），英国伟大的物理学家、天文学家和数学家，经典力学体系的奠基人。他构建了一个人类有史以来最为宏伟的物理理论体系，是有史以来最伟大的科学家之一。牛顿出生后虽然家境贫寒，父亲早逝，但他热爱自然，喜欢动脑动手，凭借强烈的上进心，逐步成为成绩优异的学生，并养成了科学实验的习惯。牛顿曾因家贫而停学务农，在这段时间里，他仍然一心想着各种学习问题。他在自家石墙上雕刻了一个日晷，争分夺秒地学习。1660 年，在其舅父的支持下，牛顿复学。不负众望，牛顿复学一年后就以优异的成绩考入剑桥大学三一学院。在大学里，牛顿遇到了他的"伯乐"——巴罗（Isaac Barrow，1630—1677）教授。当时三一学院设立了一个专门讲授自然科学的讲座——卢卡斯讲座，精于数学和光学的巴罗是第一任教授，被称为"欧洲最优秀的学者"。他对牛顿特别垂青，引导牛顿阅读了许多数学、物理学、天文学及哲学方面的优秀著作。1664 年，牛顿被选为巴罗的助手；1665 年，牛顿大学毕业，获学士学位。

牛顿像

巴罗像

1665—1666 年，欧洲鼠疫大流行，学校关闭，牛顿带着一系列的实验器材回到故乡。这期间，他的精力主要用于科学研究。他系统整理了大学里学过的功课，潜心研究了开普勒、笛卡儿、阿基米德和伽利略等人的论著，并进行了许多科学实验。这两年的时间里，牛顿几乎孕育了他一生做出重大贡献的所有思想基础，做出了多项发明，留下了脍炙人口的"苹果落地"的故事，在力学、天文学、数学和光学等方面进行了伟大的基础性研究工作。牛顿在回忆录中写道："在那些日子里，我正处于发现的全盛时期，对数学和哲学的思考比此后任何时期都更专心致志。"

在这些贡献中，第一个是流数术（微积分）的发明。进入 17 世纪以来，原有的几何和代数已难以解决当时生产和自然科学所提出的许多新问题。牛顿在笛卡儿的《几何学》和沃利斯（John Wallis，1616—1703）的《无穷算术》的影响下，将古希腊以来求解无穷小问题的各种特殊方法统一为两类算法：正流数术（微分）和反流数术（积分），反映在 1669 年的《运用无限多项方程》、1671 年的《流数术与无穷级数》、1676 年的《曲线求积术》三篇论文和 1687 年的《自然哲学的数学原理》一书中，以及被保存下来的 1666 年 10 月他写的在朋友们中传阅的手稿《论流数》中。但后来，牛顿与德国哲学家和数学家莱布尼兹（Gottfried Wilhelm Leibniz，1646—1716）之间发生了关于微积分发明权的争论。

第二个是引力平方反比定律的发现。牛顿通过小月球思想实验，把地球上物体的重力和天体之间的引力联系到一起。他论证了"使月球保持在它轨道上的力"就是我们通常称为"重力"的力，而且说明了月球所受引力与地面上物体所受引力遵循相同的规律，也就是"引力与半径的平方成反比关系"。后来，牛顿重返剑桥大学之后，将此结果推广到行星的运动上去，从而得出宇宙间所有物体之间的引力遵循的规律都相同的结论，因此称为万有引力。这是牛顿在自然科学领域里最辉煌的成就。

天王星被发现后，天文学家曾根据万有引力理论计算天王星轨道，借此来验证万有引力定律的正确性，结果却出现了理论计算结果与实验观测位置不相符的情况。有一些人怀疑万有引力定律不具有普适性，另一些人则认为天王星之外可能还有一颗未知行星，这颗行星的引力使得天王星偏离正常轨道。1845 年，英国天文学家亚当斯（John Couch Adams，1819—1892）通过计算研究，认为在天王星轨道外还有一颗未知行星，并推测了这颗行星可能的位置。1846 年，法国天文学家勒维烈（Urbain Jean Joseph Le Verrier，1811—1877）也通过独立的计算，预报了这颗行星的位置。1846 年 9 月 23 日，德国柏林天文台台长加勒（Johann Gottfried Galle，1812—1910）根据勒维烈预报的位置找到了这颗"理论上的行星"——海王星。此后，由于海王星也出现了类似天王星偏离轨道的行为，1915 年，美国天文学家洛韦尔（Percival Lowell，1855—1916）预言海王星之外还有一颗行星。1930 年，这颗行星被发现，命名为"冥王星"。这就是牛顿万有引力定律的辉煌成果，是理论指导实践的典范。

牛顿在避瘟期间的第三个重要发现，就是光的色散。该实验被英国的《物理学世界》杂志评为历史上十大最美丽的实验之一。

1667 年，剑桥大学复课，牛顿回到剑桥大学当研究生，一年后获硕士学位，两年后由巴罗教授推荐，成为第二任卢卡斯讲座教授。"巴罗让贤"在物理学界被传为佳话。牛顿担任此职务，前后共 26 年时间。1668 年，牛顿用自己研究的冶金技术和自行设计制造的打磨抛光机，制成了第一台反射式望远镜。这台反射望远镜虽然体积小，放大倍数却高达 40 倍。1671 年，牛顿制成了第二台望远镜，并由巴罗带到伦敦赠送给英国皇家学会，在皇家学会的科学家聚会上进行演示时，好评如潮。不久后牛顿就被选为皇家学会会员。1781 年 3 月，英国的天文学家赫歇尔（Friedrich Wilhelm Herschel，1738—1822）利用根据牛顿反射式望远镜原理自制的天文望远镜，发现了太阳系的第七颗行星——天王星。至今，巨型天文望远镜仍采用牛顿式的基本结构。牛顿磨制及抛光精密光学镜面的方法，至今仍是不少工厂光学加工的主要手段。

历史上第一台反射式望远镜现保存于伦敦科学博物馆中

1679 年，牛顿陷入了与胡克之间关于引力和运动学方面的激烈争论中，胡克对牛顿关于引力的见解提出了质疑。牛顿在全面考察了开普勒定律、伽利略运动学公式与引力之间的关系后，终于证明了引力的平方反比关系与行星的椭圆轨道之间的联系。至此，牛顿的整个宇宙体系和力学理论的基本框架构建完成。

1684 年，在一次聚会中，哈雷、雷恩（Christopher Wren，1632—1723）和胡克谈论到平方反比的力场中物体运动的轨迹形状。当时胡克声称可以用平方反比关系证明一切天体的运动规律，雷恩表示怀疑，提出如果有谁能在 2 个月内给出证明，他愿意拿出 40 先令作为奖励。同年 8 月，哈雷专程来到剑桥大学，为这个问题登门拜访牛顿。对此，牛顿立刻回答说："轨迹应该是椭圆的。"他声称自己几年前已经做过计算，只是原先的手稿找不到了。牛顿根据哈雷的要求重新做了计算，写了一篇 9 页长的论文《论运动》，并连同相关资料一起寄给哈雷。在这篇论文中，牛顿论述了引力使得行星及其卫星必定沿着椭圆轨道运动，并由此导出了开普勒三定律。这篇论文在皇家学会引起了巨大反响，是牛顿的旷世之作《自然哲学的数学原理》的前身。

哈雷发现了这篇论文的价值，再次来到剑桥，敦促牛顿把它扩充为专著发表。牛顿将自己 20 多年的研究工作重新做了论证和归纳，建立了一个完整宏大的力学体系。1687 年，牛顿的巨著《自然哲学的数学原理》终于在哈雷的资助下出版。这本书把地面上的力学和天上的力学统一在了一起，形成了以三大定律为基础的力学体系，分为两大部分。第一部分是导论部分，包括定义、注释和运动的基本定理或定律；第二部分是这些基本定理或定律的应用。这些应用分为三篇，第一篇是牛顿力学和万有引力学说的理论表述；第二篇是牛顿力学理论在介质运动中的应用；第三篇则应用于宇宙体系，推算出行星、彗星、月球和海洋的运动。最后，牛顿写下一段著名的总释，集中表述了自己对万有引力及宇宙为什么会是这样一个完美和谐体系的总原因的看法，表达了他对于上帝的存在和本质的见解。

《自然哲学的数学原理》中介绍了牛顿的自然哲学思想：这些原理不是哲学的，而是数学的。在第三篇宇宙体系（使用数学的论述）的一开始，牛顿就给出了四条"哲学中的推理规则"。

规则一：寻求自然事物的原因，不得超出真实和足以解释其现象者。

规则二：对于相同的自然现象，必须尽可能地寻求相同的原因。

规则三：物体的特性，若其程度既不能增加也不能减少，且在实验所及范围内为所有物体所共有，则应视为一切物体的普遍属性。

规则四：在实验哲学中，必须将由现象所归纳出的命题视为完全正确的或基本正确的，而不管想象所可能得到的与之相反的种种假说，直到出现了其他的或可排除这些命题，或可使之变得更加精确的现象之时。

至此可以看出，牛顿的哲学思想具有整体性、简单性、因果性、普遍性和公理性，这种哲学思想贯穿牛顿的整个科学生涯。牛顿的哲学思想对 17—20 世纪科学和哲学的发展也影响巨大，其大大推动了近代科学的发展。

在《自然哲学的数学原理》中，牛顿还着重阐述了"先归纳，后演绎"的科学方法。这既是牛顿科学方法论的核心，也是他取得重大成就的关键。牛顿三大定律组成的公理系统之所以有着强大的逻辑力量，成为经典物理学发展的基础，正说明了这种科学方法对人们认识周围的世界起着重要的指导作用。这本书的最后一句话是："我希望能用同样的推理方法从力学原理中推导出自然界的其他许多现象。"因此，牛顿的哲学思想和科学方法是密不可分的整体，他的科学方法就是其哲学思想的具体体现。

此外，从书中还可以看出，对时间和空间的认识始终贯穿在牛顿力学的发展过程中，牛顿提出的时空观是一种绝对时空观。时空观本身就是物理学的一个重要思想，建立关于时间和空间思想的认识在物理学中有着重要的地位。物理学的发展与对时空的认识密不可分，例如，爱因斯坦建立相对论的过程就是对牛顿绝对时空观的一次深刻变革的过程。

《自然哲学的数学原理》的出版标志着经典力学体系的建立：一个立足于实验和观察，以空间、时间、质量和力四个概念为基础，以牛顿三大定律为核心，以万有引力定律为综合，并用微积分来描述物体运动因果规律的结构严谨、逻辑严密的科学体系，是一个人类有史以来最为宏伟的物理理论体系。

经典力学体系的建立，对自然科学的发展起着重要的作用。由于牛顿在力学领域的巨大成就，同时受机械因果观思想的影响，当时许多自然科学家和哲学家认为，所有的自然现象都可以用力学来解释。牛顿说："自然界的一切现象，全可以根据力学的原理，用相似的推理，一一演绎出来。"荷兰天文学家、物理学家惠更斯（Christiaan Huygens，1629—1695）进一步说："在真正的哲学里，所有自然现象的原因都可以用力学的术语来陈述。"这样，把一切运动归结为机械决定论的自然观逐步形成了。

1704 年，牛顿的另一巨作《光学或光的反射、折射弯曲与颜色的论述》出版，这本书的出版非常曲折。在《自然哲学的数学原理》出版后不久，牛顿的母亲去世，这对牛顿的打击很大。1692 年某晚，牛顿外出时由于没有熄灭蜡烛，猫打翻了烛台，造成实验室失火，牛顿多年积存的论文和著作化为灰烬，手稿《光学》和《化学》也在大火中付之一炬，其中《光学》已基本完成，这又是一次沉重的打击。牛顿精神崩溃，一年多无法正常工作。所以，当他慢慢恢复，开始着手准备重写《光学》时，牛顿换了新的工作环境。1696 年，牛顿出任造币局总监一职，并在 1699 年被提升为造币局局长。这期间，牛顿凭借坚强的毅力完成了《光学》的重写，可惜《化学》手稿始终未能重写。1701 年，牛顿当选为国会议员；1702年，任英国皇家学会终身会长；1705 年，被英国女王授予爵士头衔。1727 年 3 月，84 岁的牛顿出席了皇家学会的例会后突然病倒，于当月 20 日逝世。作为有功于国家的伟人，英国王室为他在威斯敏斯特教堂举行了国葬。

回过头来看，牛顿取得成功有一定的历史条件。比如，生产力的需要、物理方面的进展、政局的稳定和国家对科学研究的重视、科学研究的国际联系加强等。但最主要还是在于他自身：他勤奋刻苦，博学多才；他不停思考，专注研究；他坚持不懈，追求真理；他站在巨人的肩上，看得更远。他用正确的科学方法为他走向成功铺平了道路，如分析综合法、归纳和演绎相结合、追求简单和谐的公理体系、数学物理方法和实验抽象法等。牛顿因此被后人誉为"人类历史上最伟大的科学家和思想家"。

第 2 章　热学的发展

　　热现象是人类在生活中最早接触的现象之一。在古代，人类就开始了对热现象的认识和利用。如在我国，火的利用是很早的，烧制陶器、冶炼金属和炼丹技术较为发达，对热能的利用及火药的发明都处于领先地位。在长期的生活和实践中，人类积累了大量的关于热的观察事实，但由于缺乏量的概念和实验手段，热学成为一门科学比力学要晚。直到 17 世纪末，热学才走向定量科学，从而成为物理学的一个重要分支。

　　热学研究的是物质热运动的规律，以及与热运动有关的物性及宏观物质系统的演化，分为热力学与统计力学两部分。热力学是热运动的宏观理论，通过对热现象的观测、实验和分析，总结出热现象的基本规律。统计力学则是热运动的微观理论，是从宏观系统是由大量微观粒子组成这一事实出发，认为系统的宏观物理量是微观物理量的统计平均值，系统的宏观性质是大量微观粒子性质的集体对外表现。经典热力学和统计力学的建立，标志着物理学的第二次大综合，实现了机械运动、热运动、电运动等不同运动形式的综合与统一。热学发展史实际上就是热力学和统计力学的发展史，大致可分为四个阶段。

　　第一阶段是从 17 世纪末到 19 世纪中叶。在这个时期内，蒸汽机的发明促进了热现象的研究，关于热的本质也展开了研究和争论，人们积累了大量的实验观测结果，为热力学理论的建立做好了准备。19 世纪前半叶出现的热机理论和热功相当原理已经包含了热力学的基本思想。

　　第二阶段是从 19 世纪中叶到 19 世纪 70 年代末。在这个时期内，发展了唯象热力学和气体动理论。1842—1849 年，建立了以能量守恒与转化定律为本质的热力学第一定律。随后，在研究如何提高热机效率的过程中，建立了热力学第二定律。而热功相当原理和热本质的唯动说结合，导致了气体动理论的诞生。但在这个时期内，唯象热力学和气体动理论的发展还是彼此独立的。

　　第三阶段是从 19 世纪 70 年代末到 20 世纪初。在这个时期内，由于玻尔兹曼的工作，唯象热力学的概念和气体动理论的概念开始结合起来。通过对热现象的微观理论的研究，导致了统计力学的诞生，吉布斯做出了很大的贡献。

　　第四阶段是从 20 世纪 30 年代至今。在这个时期内，无论是热力学还是统计力学都进入了新的发展时期，出现的量子统计力学和非平衡态理论都成为现代理论物理的重要分支。

与力学相比，由于研究对象的不同，热学具有不同的知识体系和研究方法。在热学的发展过程中，系统论和概率论的思想逐步渗透。

2.1　对热现象的早期探索和利用

热学起源于人类对热现象的探索。通过长期的观察和实践，使人们积累了大量与热现象有关的知识。对热现象的早期探索和利用，最具有代表性的是蒸汽机的发明、温度计的发明和关于热本质的争论。

1. 蒸汽机的发明

对于蒸汽机的发明，我们首先想到的就是瓦特。相传，有一天瓦特看到水烧开时，水壶的盖子被不断地顶起来，于是发明了蒸汽机。但人类对蒸汽的认识和利用，经历了一个漫长的历史阶段，其历史过程甚至可追溯到古希腊时期。瓦特对蒸汽机的利用与普及起着至关重要的作用，但是他只是蒸汽机的改良者，他和牛顿一样，都是站在巨人的肩膀上。

有记载的人类最早利用蒸汽作为动力源的机械装置，是由古罗马数学家亚历山大港的希罗（Hero of Alexandria，10—70）于公元 1 世纪发明的汽转球，可以说这是蒸汽机的雏形。这个装置中间有一个带有两个喷嘴的空心铜球，铜球两侧有两根管子和下面的锅炉相通，锅炉中的水被加热而沸腾的时候，产生的蒸汽可由这两根管子引入铜球内部。当蒸汽从喷嘴里喷出的时候，铜球就转动起来。遗憾的是，这项成果没有得到实际的应用。

汽转球

直到一千多年之后的 1690 年，法国物理学家丹尼斯·巴本（Denis Papin，1647—1712）在观察蒸汽逃离高压锅的过程之后，制成了带有活塞和汽缸的装置，完成了蒸汽机的基本构造。但他只是一位学者，而不是工程师，因此这个蒸汽机只是个工作模型，并没有实用价值。

1698 年，英国科学家托马斯·萨维里（Thomas Savery，1650—1715）根据巴本的模型，制成了世界上第一台实用的蒸汽水泵，这是一种专门用于矿井抽水的蒸汽机。他将一个容器先充满蒸汽，然后关闭进气阀，并在容器外喷淋冷水使容器内的蒸汽冷凝，逐步降低容器内的压强，从而形成真空。此时打开进水阀，矿井底的水受大气压力作用就会被吸入容器中。然后关闭进水阀，重开进气阀，再靠蒸汽压力将容器中的水经排水阀压出。如此反复循环，用两个容器交替工作，可连续提水。这是人类继自然力——人、畜、水、火、风之后，首次把蒸汽作为一种人造动力。但这种机器还极不完善，它是依靠真空的吸力提水，所以提水深度不能超过 6m。如果要从几十米深的矿井中提水，则应将机器装在矿井深处，且必须用很高的蒸汽压力才能将水压到地面上，这在当时的技术条件下很难实现。此外，在机器的工作过程中，需要工人不断地按顺序打开和关闭各种阀门，不但劳动强度很大，而且很危险。

1705 年，一位英国铁匠托马斯·纽可门（Thomas Newcomen，1663—1729），取得"冷凝进入活塞下部的蒸汽和把活塞与连杆连接以产生可变运动"的专利权，之后他开始研制蒸汽机。1712 年，他在萨维里和巴本的基础上，制造出一台功率5.5hp、可供实际使用的"纽可门蒸汽机"。他在活塞上加了一个庞大的摇臂，摇臂的一侧挂有平衡重物，重物由于重力，在下降时可以将活塞拉起。这样可以降低气缸内的气压，也比较安全。但和萨维里的蒸汽机一样，活塞每次下降时为了冷凝汽缸内的蒸汽，必须将整个汽缸和活塞同时冷却，热量的损失太大，工作效率非常低，实用价值也很有限。

1764 年，格拉斯哥大学的一台纽可门蒸汽机教学模型坏了，英国发明家詹姆斯·瓦特（James Watt，1736—1819）负责修理。在修理纽可门蒸汽机的时候，瓦特找到了纽可门蒸汽机效率低的原因，就是冷凝装置不合理，不但冷凝了蒸汽，还冷却了整个汽缸。要持续工作，汽缸必须反复加热、冷却，白白消耗了很多热能。1765 年，他找到了解决问题的途径：只需冷凝蒸汽而不需冷却汽缸。他决定把冷凝过程从汽缸内分离出来。他在蒸汽机汽缸外单独增加一个冷凝器，从而使汽缸始终保持在高温状态。1768 年，瓦特终于制造出了真正能够运转的蒸汽机。1769 年，他的专利申请获得了批准。1782 年，他又获得了"双动力蒸汽机"的专利，让高压蒸汽轮流从两端进入汽缸。1784 年，他利用"平行连杆机构"，使机器运作由断续变为连续，从而使蒸汽机具有更广泛的应用价值。1788 年，他发明了离心调速器和节气阀。1790 年，他完成了汽缸示功器的发明。至此，瓦特才制成了一台具有实用价值的蒸汽机。经过他的努力，蒸汽机的工作效率大大提高，并被广泛应用于纺织、采矿、冶金、交通运输等行业，促进了欧洲第一次工业革命的到来，将社会文明推向了一个新的高点。后人为了纪念这位伟大的发明家，把功率的单位命名为"瓦特"。

此后，如何提高蒸汽机效率的问题吸引了越来越多的人参与研究。而蒸汽机的广泛使用所形成的工程技术因素，对热力学第一定律和热力学第二定律的发现都有直接的作用，这是社会物质生产和工程技术的发展促进科学进步的一个有力证据。

瓦特改良的蒸汽机

瓦特像

2．温度计的发明

热现象的定量研究，首先遇到的就是怎样测量物体温度的问题。在我国古代，人们就已经掌握了冰点、人的体温、动物的体温等温度标准，并学会了对热现象的温度进行经验性测量；在冶金实践中，人们不仅掌握了通过火候和火焰的颜色来判断温度的方法，甚至为了栽培蔬菜、储存食物，还掌握了控温、降温的技术。

温度计的制作和改进最初是和进行气象观测的实际需要联系在一起的。最早有意识地依靠热胀冷缩来显示温度高低的是 17 世纪的几位科学家。1603 年，伽利略制成了第一个验温计。这支验温计有一个鸡蛋大小的玻璃泡，玻璃泡连接一根像麦秸一般粗的玻璃管，管长约 50cm。用手掌将玻璃泡握住，使之受热，然后倒置于盛水容器中，等玻璃泡冷却后，水升高 20～30cm。随着温度的变化，瓶中空气膨胀或收缩，水柱的高度也随之发生变化。但由于这种温度计体积庞大，使用不便，大气压也会影响水柱高度，因此精度不高。1631 年，法国化学家詹·雷伊（Jean Rey，1582—1630）直接用水的体积变化来表示冷热程度，但因为温度计的玻璃管管口没有密封，水不断蒸发，误差也较大。1650年，意大利出现了把酒精或水银密封在玻璃泡中制成的温度计。为了表示温度的高低，在玻璃管上标有刻度。由于管子太长，因此制成了螺旋状。

但是，温度计的刻度由于没有统一标准，因此仍然不适于推广使用。为了有效地测量温度，就必须选取某些温度作为标准点。至18世纪末，全世界共有近20种温标，其中有两种是我们所熟知的，现在仍在大范围使用中。

第一种是德国物理学家华伦海特（Daniel Gabriel Fahrenheit，1686—1736）于1714年制定的华氏温标：他把冰、水、氯化铵混合物的平衡温度定为0℉，人体的温度定为100℉，并把水银体积的膨胀平均分为100等份，每等份对应的温度为1℉。根据华氏温标，水的冰点定为32℉。1724年，他又把水的沸点定为212℉。在欧洲，他的温度标准使用很普遍。

第二种是目前我国使用的摄氏温标，它是由瑞典天文学家、物理学家摄尔修斯（Anders Celsius，1701—1744）于1742年制定的。摄尔修斯用水银作为测温物质，刚开始他是取水的沸点为0℃，冰的熔点为100℃，中间分为100等份。8年后，他接受了同事施特默尔的建议，把两个定点值对调过来，就形成了今日我国使用的摄氏温标。

从伽利略到摄尔修斯，温度计的发明和完善经历了大约150年的时间，这大大促进了实验热学研究的蓬勃发展。此外，温度计的制作和改进对热学的发展起到了两方面的作用：第一，导致了关于冰和其他物质在一定条件下熔点恒定不变事实的发现；第二，促进了对一些物质热膨胀规律的研究。

3. 热本质的争论

在热学发展史上，人们很早就使用了"热"和"温度"的基本概念，但是很长一段时间以来，人们都没有把这两个概念加以区分。由于最早人们对于热现象的认识来源于日常生活，物体吸收"热"就会升高"温度"，因此早在古希腊时期，在伊壁鸠鲁（Epicurus，公元前341—公元前270）的著作中就出现了"热是物质"的说法。18世纪30年代到19世纪初，人们把"热"当作一种特殊物质，称为"热质"。"温度"则是物体含有这种"热质"多少的一个量度。物体含有的"热质"不同，温度就不同；当"热质"在物体之间流动时，物体"温度"就会随之改变。受到牛顿经典力学思想和机械决定论的影响，人们通过与机械能守恒和动量守恒定律的类比，得出了"热质守恒定律"：如果两个物体"温度"相同，那么它们所含的"热质"也相同；"热质"的总量是守恒的，物体"温度"的变化是由吸收或放出"热质"引起的；热传导是"热质"的流动；摩擦生热是"潜热"被挤出来的过程。这些就是"热质说"对热学现象的一种解释。在"热质说"思想的指导下，人们取得了不少成就，如瓦特改良蒸汽机、卡诺提出卡诺定理、傅里叶（Joseph Fourier，1768—1830）发展传热学，都是以"热质说"为基础的。

另一种与"热质说"对立的是"唯动说"，它认为热是物体的大量分子无规则热运动的表现，而不是一种物质。代表人物有培根（Francis Bacon，1561—1626）、玻意耳、笛卡儿、胡克、牛顿等。

当时，还有一些学者，尤其是法国的物理学家和化学家，他们不认为两种学说是真理与谬误的对立，反而总是把这两种学说并列在一起，认为它们虽然从表面上看起来不同，但两者之间没有根本矛盾，只是同一根本原因的不同表达形式而已。

然而，在"热质说"指导下取得的一系列成就，使人们一度支持"热质说"。英国化学家约瑟夫·布莱克（Joseph Black，1728—1799）所做的实验，以及他用"热质说"对实验结果的解释，更是巩固了"热质"的概念。布莱克研究了不同温度的水和水银混合后的温度，认识到混合后的温度既不与这两种物质的体积成正比，也不与重量成正比。他认为，这是因为水比水银对"热质"具有更大的容量，这就是热容量发现的过程。

"潜热"也是由布莱克提出的，他受到两个实验的启发。一个是卡伦（William Cullen，1710—1790）的乙醚实验。乙醚挥发性很强，蒸发时会出现骤冷现象。布莱克认为，这是因为乙醚蒸气带走了大量"热质"，又来不及补充的缘故。另一个是华伦海特观察到的。他发现，如果一盆水不受任何晃动，保持绝对静止，往往可以冷却到冰点以下而不凝固。布莱克认为，这是由于静水中"热质"散失慢造成的。后来布莱克自己也做了一个实验，他把 0℃的冰块和等重量 80℃的水相混合，结果平均温度并不是 40℃，而是维持在 0℃，只是冰化成了水。布莱克由此判断，物态转变的过程，无论是固化还是液化，都会伴随着"热质"的转移，这种转移用温度计是观测不到的，所以称为"潜热"。

布莱克之所以能对众多热学现象做出说明，一方面是由于他做了大量的热学实验，深入研究了其中的规律；另一方面是他通过认真分析，区分出了热和温度是两个不同的概念。他的工作提高了"热质说"的地位，到了 18 世纪末，"热质说"竟成为热学的统治学说。

尽管如此，还是有人发现了"热质说"的漏洞。首先是关于"热质"是否具有重量的问题。为了测量"热质"的重量，英国伯爵伦福德（Count Rumford，1753—1814）设计了一个实验，观察物质在温度变化前后重量变化的情况。他用三个完全相同的瓶子，分别装有相同重量的水、酒精和水银，在一间恒定温度为

16℃的房间里放置 24h，并称其重量。然后他将三个瓶子放到温度为 0℃的房间里，使其保持完全静止不受扰动，48h 后再称它们的重量，结果发现这些瓶子的重量丝毫没有变化。由此他宣称，热对物质的重量没有影响。

伦福德像

1797 年，他又设计了一个大炮钻孔实验。他首先将一只重约 113lb，相当于 51kg 的圆筒铸件，放在钻孔机上，然后他拿着故意磨钝的钻头进行打孔。30min 后，铸件的温度从 16℃升高到 55℃。而他在炮孔里收集的金属屑重量约为 54g，约占圆筒铸件质量的千分之一。按照"热质说"的思想进行计算，他发现，如果所谓的"热质"是由金属屑提供的，那么铸件升温 39℃，金属屑应该降温 37 000 ℃，这显然是不可能的。而且他认为，只要继续摩擦，热就会源源不断地产生，永无止境。这就证明，热的来源是运动。

伦福德于 1798 年发表了他的研究报告，立刻得到另一位热质说的怀疑者，英国化学家戴维（Humphry Davy，1778—1829）的响应。1799 年，戴维做了在真空容器中两块冰摩擦而融化的实验。按照"热质说"的观点，热量来自摩擦挤出的"潜热"，那么系统的比热应该变小，但实际上水的比热比冰的还要大。

英国物理学家托马斯·杨（Thomas Young，1773—1829）则根据热辐射和光的类似性，把热和光看作同一性质的东西，并将磷光现象和"潜热"进行比较。由于他主张光的波动性，因此他认为应该把热也看作运动。

伦福德和戴维的实验给了"热质说"以致命打击，为热的"唯动说"提出了重要的实验证据。尽管他们的实验揭示了热可以由机械功的消耗而产生，因此成了能量守恒与转化定律诞生的前奏，但"热质说"时期建立起来的一系列热学规律依然存在。

2.2　热力学第一定律的建立

制作永动机曾经是 17～18 世纪许多人的梦想。在制造、发明永动机的过程中，人们倾注了大量的心血，耗费了大量的人力物力，设想出了很多永动机模型，如利用重力和水的浮力工作的永动机、利用磁力工作的永动机等，但最终都失败了。与此同时，也有很多人在分析永动机设计失败的原因，试图寻找失败背后的自然规律。

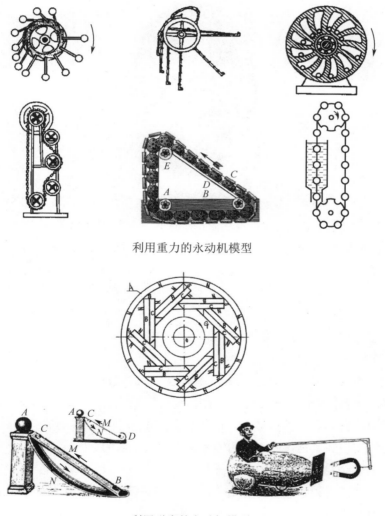

利用重力的永动机模型

利用磁力的永动机模型

19 世纪初，人们开始思索自然界的各种物理量，如机械力、热、光、电、磁、化学力等之间有没有联系，是否可以相互转化？到 19 世纪中叶，这个问题已不只存在于人们的思想之中，而成为自然科学新的研究热点。这是因为在很多人不断进行探索之后，终于发现自然界的一条基本定律——热力学第一定律，也就是能量转化与守恒定律。这条定律是 19 世纪中叶物理学史上最重要的发现。在实践上，它彻底否决了永动机存在的可能性。在理论上，它不仅为自然科学的发展奠定了一个坚实的基础，而且为辩证唯物主义自然观的建立提供了一个有力的依据。在探索过程中，德国的迈尔、亥姆霍兹和英国的焦耳所做的工作最具有代表性。

迈尔像

罗伯特·迈尔（Robert Mayer，1814—1878）是从生理学入手，通过哲学的思辨和对经验事实的概括而走上发现能量守恒定律的道路的。迈尔于 1814 年 11 月 25 日出生在德国的一个药剂师家庭。在父亲的影响和鼓励下，1832 年，他进入杜宾根大学医学系学习，在 1838 年完成了医学博士学位论文答辩，并获得医师执照而开始行医。1840—1841 年，迈尔担任开往东印度的荷兰轮船的随船医生。这段船上的生活，使迈尔开阔了视野，激发了科学联想，并成为他通过医学途径归纳总结出能量守恒结论的起点。

由于在途中船员之间流行肺炎，迈尔在治疗时发现，在热带地区时船员静脉血的颜色比在温带地区时的要新鲜红亮。经过思考，他认为，在热带高温情况下，因为机体消耗食物和氧的量减少，所以静脉血中留下了较多的氧。这种观点表明他当时已经认识到生物体内能量的输入和输出是平衡的。

1842 年，迈尔撰写了论文《论无机自然界的力》。在这篇文章中，他从"无不能变有，有不能变无"和"原因等于结果"的哲学命题出发，表达了物理、化学过程中"力"（能量）的守恒思想，因此现在一般都承认迈尔是建立热力学第一定律的第一人。文章中，他还提出了"热功当量"的概念，并给出了一个数值：

367kg·m/kcal。但当时迈尔并没有解释他是怎样得到这个数值的，直到 1845 年，他在第二篇论文中才讲到这个数值是从理想气体的两种比热中推算出来的。

1845 年，迈尔撰写了第二篇论文——《与有机运动相联系的新陈代谢》，该文明确指出机械功的消耗可以产生热、磁、电和化学效应，系统地阐明了能量的转化与守恒思想，论述了热功转换的关系，并进一步运用到了生物界。他还推出了理想气体定压摩尔热容量和定容摩尔热容量之差等于定压膨胀功 R 的关系式，这就是"迈尔公式"（梅逸公式）。

1848 年，迈尔出版了《天体力学》一书，书中解释陨石发光是由于其在大气中损失了动能，并用能量守恒原理解释了潮汐的涨落。然而，迈尔虽然是第一个完整提出能量转化与守恒定律的人，但是在他的著作发表几年内，不仅没有得到人们的重视，反而受到了一些著名物理学家的反对。后来，能量守恒定律得到了普遍承认，却又发生了发现优先权的争论。焦耳等英国学者否定迈尔的工作，认为他只是预见了在热和功之间存在一定的数值关系，但没有完成热功当量的计算。但不管怎么说，迈尔既是将热学观点用于有机世界研究的第一人，也是一个从自然哲学走到伟大定律面前的人，他发现能量守恒定律的过程，正是他的哲学信念和科学思想不断深化和发展的过程。

对热力学第一定律的诞生做出杰出贡献的第二个人是亥姆霍兹，他运用数学方法概括能量守恒定律，给出了它的数学表示，并以理论物理学的模式从多方面论证了该定律，进而证明自然界的各种过程都遵从这个基本定律。

赫尔曼·冯·亥姆霍兹（Hermann von Helmholtz，1821—1894），德国物理学家、生理学家，1821 年 8 月 31 日出生于柏林附近的波茨坦，父亲是一位教师。1842 年，他从皇家医学院毕业后，担任军医，并开始进行物理学研究。亥姆霍兹先后担任了柯尼斯堡大学、波恩大学、海德尔贝格大学等的生理学教授，他最早测量了神经脉动速率，把物理方法应用于神经系统的研究，由此被称为生物物理学的鼻祖。1860 年，亥姆霍兹被选为伦敦皇家学会会员；1871 年，任柏林大学物理学教授。在那里，他继续对电磁现象进行研究，在电动力学方面取得了新的进展。1873 年，亥姆霍兹获得了科普勒奖章。1888 年，他任夏洛腾堡物理技术研究所所长。此外，他还是一位出色的教育家，培养了一大批优秀人才，如普朗克等。

1847 年，26 岁的亥姆霍兹在柏林物理学会上宣读了著名论文《论力的守恒》，提出了能量转化与守恒定律的哲学基础、数学公式和实验根据。这篇论文用清晰的语言表述了能量守恒定律的思想，对这一定律后来得到公认起到了关键性作用。但由于论文被认定含有思辨性内容，未能在《物理学年鉴》上发表，亥姆霍兹只好以小册子的形式在柏林单独印行。亥姆霍兹当时并不了解迈尔的工作，也没有参与争夺"能量守恒定律"发现的优先权，但他在了解了迈尔的论文后说："我们必须承认，迈尔不依赖于别人而独立发现了这个思想。"

亥姆霍兹像

在实验论证能量守恒定律的工作中，做出过重大贡献的是焦耳。詹姆斯·普雷斯科特·焦耳（James Prescott Joule，1818—1889），英国著名的实验物理学家，英国皇家学会会员，1818 年 12 月 24 日出生于英国曼彻斯特，家境富裕。他在 16 岁时结识了英国化学家、物理学家约翰·道尔顿（John Dalton，1766—1844），并虚心向道尔顿求教，从而使他得到了极大的收获。

焦耳像

焦耳年轻时，电动机刚发明不久，他想用实验来测定这种新机器到底有多大效用。1841 年，在多次进行通电导体发热的实验之后，他发现"导线放出的热量与导体电阻和电流平方的乘积成正比"，这就是著名的焦耳定律。他在《哲学杂志》上发表了论文《电的金属导体产生的热和电解时电池组中的热》，这是他第一次用实验表明电能可以转化为热能。这时，焦耳已经建立了能量转化的普遍概念。

在此基础上，焦耳想进一步通过实验获得各种运动形式之间的能量转换关系。

1843 年，他进行了感应电流产生的热效应和电解时热效应的实验，在关键性论文《论电磁的热效应和热的机械值》中，他明确指出："自然界的能是不能消灭的，哪里消耗了机械能，总能得到相应的热，热只是能的一种形式。"这篇论文打破了统治多年的所谓"热质说"的观点，立即引起了轰动，也成为他打开能量转化和守恒定律大门的敲门砖。

1847 年，为了测定机械功和热之间的转换关系，焦耳设计了"热功当量实验仪"。这是一种桨叶搅拌装置：首先在磁电机线圈的转轴上绕两条线，跨过两个定滑轮后挂上几磅重的砝码，由砝码的下落驱动一个绕在铁芯上的小线圈在一个电磁体的两极间旋转，然后把线圈放入一个盛水的容器里，用电流计测量线圈中的感应电流，用量热器测量水温的升高，再由砝码的重量和下落的距离计算出重力所做的功。经过反复的实验，焦耳于 1849 年向英国皇家学会提交了论文《论热功当量》。此后，焦耳测定热功当量的工作一直进行到 1878 年，先后采用不同的方法做了 400 多次实验，以精确的数据为能量守恒定律提供了无可置疑的实验证明。他发表论文《热功当量的新测定》，最后得到的数值为 423.85kg·m/kcal。一个重要物理常数的测定，能够保持 30 年没有大的更正，这在物理学史上都是罕见的。后人为了纪念他，把功和能的单位命名为"焦耳"。

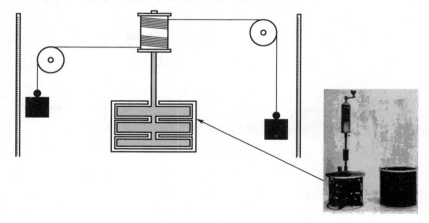

焦耳热功当量测定的实验装置图——桨叶搅拌装置

亥姆霍兹的理论总结和焦耳的实验研究终于揭开了能量转化与守恒定律的神秘面纱。在此基础上，1850 年，德国物理学家克劳修斯（Rudolf Julius Emanuel Clausius，1822—1888）在论文《论热的动力和由此得出的热学定律》中，给出了热力学第一定律的完整数学形式。1851 年，英国物理学家汤姆逊（William Thomson，1824—1907），即开尔文勋爵（Lord Kelvin），全面阐明了能、功和热量之间的关系。1853 年，格拉斯哥大学教授威廉·约翰·麦夸恩·兰金（William

John Macquorn Rankine，1820—1872）把各种力的守恒原理表述为能量守恒定律："宇宙中所有的能量，实际能和势能，它们的总和恒定不变。"1867 年，开尔文将上述实际能改为动能，沿用至今。

能量守恒和转化的思想是物理学的重要思想，它揭示了各种不同运动形式在相互转化过程中体现的"质"和"量"的关系。物理学发展史表明，物理学中的各种守恒定律都是人类在不断深化对自然界认识的过程中所体现出来的智慧结晶，是物理学思想宝库中极其重要的财富。

2.3　热力学第二定律的建立

热力学第一定律是热力学过程中的能量转化和守恒定律，它否决了制造第一类永动机的可能性。那么，不违背能量守恒定律的第二类永动机可以设计制造出来吗？例如，巨轮只通过吸取海水的热量就可以一直航行；火车、汽车可以直接从大气中吸热而不停地奔跑，这样，世界上将不存在能源短缺和石化能源对环境的污染问题。而且，自然界的热力学过程很多都呈现明显的方向性，如热传导过程，虽然热可以自动从高温物体传向低温物体，但是不会自动从低温物体传向高温物体。这种方向性要如何描述？背后对应的物理机理又是什么？热力学第二定律解决了这些问题，它标志着人们对自然宏观过程中能量转化方向问题认识的深化。

18 世纪末到 19 世纪初，蒸汽机在生产生活中发挥着巨大的作用，对蒸汽机的改进也在不断地进行着，但对于如何提高蒸汽机效率的问题，却缺乏必要的理论指导。1821 年起，法国工程师尼古拉·莱昂纳尔·萨迪·卡诺（Nicolas Léonard Sadi Carnot, 1796—1832）投入大量精力对提高蒸汽机效率的问题进行了研究。1824 年，他发表了一篇在热力学史上具有奠基意义的论文《关于热的动力的思考》。在这篇论文中，卡诺提出了著名的卡诺定理，这个定理实际上就是热力学第二定律的先导。此外，这篇文章还对两个重要问题进行了回答，一是热机的效率与工作物质有无关系；二是热机的效率是否可以无限提升。他认为："为了以最普遍的形式研究由热产生运动的原理，必须不依赖于任何机械和特殊的工作物质，必须使所进行的讨论不仅限于应用在蒸汽机上，而且还要建立起能应用于一切热机的原理，不管它们用的是什么物质，也不管它们如何运转。"

当时，卡诺是"热质说"的支持者。基于热质说的思想，他把热的动力与瀑布的动力进行了类比，认为蒸汽机的工作过程由于需要伴随热质的流动和重新分布，使得热机必须在两个温度不同的热源之间工作。理想热机的效率仅取决于加热器和冷凝器的温度，与工作物质无关。他设计出了一个理想的热机循环——"卡诺循环"，且它的一切过程可以逆方向进行，称为可逆卡诺热机。他根据"热质守恒"思想论证了任何实际热机的效率都不可能大于在同样两个热源之间工作的卡诺热机的效率。这就是"卡诺定理"的主要内容，实际上他已经走到了热力学第二定律的边缘。卡诺的研究为热机理论的形成和发展做出了开创性的贡献，但是卡诺对于热机工作过程的热质说理解是错误的。直到 1830 年，卡诺才接受了热的运动说，并确立了热功相当的思想。他认为："在自然界存在的动力，在量上是不变的，它既不会产生，也不会消灭，实际上它只是改变了它的形式。"

卡诺像

1850 年，克劳修斯在《物理与化学年鉴》上发表论文《论热的动力和由此得出的热学定律》，对卡诺的热机理论进行了进一步的分析。1854 年，他在论文《热的机械论中第二个基本理论的另一形式》中对热力学第二定律做出了更加明确的表述："热永远不能从冷的物体传向热的物体，如果没有与之联系的、同时发生的其他变化的话。"1875 年，他给出了热力学第二定律更加简洁的表述。他指出：热量不可能自动地从低温物体传向高温物体而不发生其他任何变化。这种表述，我们称其为"克劳修斯表述"。

克劳修斯像

与此同时，开尔文也对热力学第二定律进行了研究，他也是从对卡诺的热机理论的探讨开始展开工作的。1851 年，他在《爱丁堡皇家学会会刊》上以《论热的动力理论》为题连续发表了三篇论文，提出了热力学第二定律的"开尔文表述"：不可能制造出一种循环工作的热机，它只从单一热源吸取热量，使之完全变为有用的功而不产生其他影响，这种表述强调了两个热源的必要性。开尔文的表述也可以用另一句话来概括，就是第二类永动机是不可能制成的。在论文的最后，开尔文指出，他的论证所依据的公理与克劳修斯论证所依据的公理虽然形式不同、表述不同，但其本质相同，且互为因果。因此，热力学第二定律揭示了自然界热运动进行的方向性，反映了一个基本的自然法则，就是一切与热现象有关的实际宏观过程都是不可逆的。

1865 年，克劳修斯发表论文《热的动力理论的基本方程的几种方便形式》，提出了熵的概念。这个概念的提出，登上了热力学概念发展中的又一个新台阶。1877 年，玻尔兹曼研究了热力学第二定律的统计解释。他认为热力学第二定律是关于概率的定律，他证明了熵与概率的对数成正比。这样就可以明确地对热力学第二定律进行统计解释（熵增加原理）：在孤立系统中，一切不可逆过程必然朝着熵不断增加的方向进行，熵的增加对应于分子运动状态的概率趋向最大值。

熵的概念和熵增加原理的提出，导致了物理学概念上的深刻革命，使物理学从以前只讨论不计入时间方向的"存在的物理学"转到关注时间方向的"演化物理学"。因此，熵的引入和熵增加的物理学思想在物理学中占有重要的地位。

热力学第二定律的建立，使热力学的理论基础趋于完整。但是有些物理学家却犯了一个错误，他们把热力学第二定律推广到整个宇宙，得出了宇宙"热寂"的荒谬结论。

1852 年，开尔文在《论自然界中机械能散失的普遍趋势》一文中指出："自然界中占统治地位的趋向是能量转变为热而使温度拉平，最终导致所有物体的工作能力减小到零，达到热死状态。"1865 年，克劳修斯在《热的动力理论的基本方程的几种方便形式》中论述热力学的基本理论之外，还写道："宇宙的熵力图达到某一最大值。"在 1867 年的演讲中，他又进一步指出："宇宙接近这一最大值的极限状态，就会失去继续变化的动力。如果最后完全达到这个状态，那么任何进一步的变化都不会发生了，这时宇宙就会进入一个死寂的永恒状态。"这就是所谓的宇宙"热寂说"，结果就是人类和星球一起毁灭。

出于对世界末日的恐惧，同时代的人都曾群起而攻之，批判热寂说，但最后都被克劳修斯驳倒了。随着科学的进步，人们逐渐认识到，没有任何证据表明，适用于局部物质世界部分变化过程的热力学第二定律可以被推广到整个宇宙发展的全过程。错误地把适用于孤立系统的熵增加原理推广至开放的宇宙，导致了人们最终得出了荒谬的结论。而且，假如我们承认热寂说，那么宇宙现在的温度不平衡状态又是如何产生的呢？这就会引到上帝创造世界的唯心主义结论上去。这是科学所不能容忍的。

随着宇宙大爆炸理论的提出，人们了解到，对于膨胀着的宇宙，并无热平衡状态可言，即使原来温度均匀，也会因为膨胀产生温度差，即失去热平衡。而且，在宇宙这么大的范围内，由于引力作用，宇宙不可能达到热平衡。哪怕宇宙开始时是平衡的、均匀的，由于引力的作用，也会自动地生长出非均匀的、有结构的状态。各种尺度的星球乃至星系，都是依靠这种非均匀化的演化过程聚集而成的。至此，困扰了人们近一个世纪的宇宙"热寂说"逐渐不再被人们提起。

2.4　气体动理论和统计力学的建立

在热的唯动说观点的指导下，人们开始具体研究宏观热现象和分子运动之间的联系。当时，有部分物理学家，如克劳修斯、亥姆霍兹等，受机械决定论的影响，认为热运动与机械运动并没有本质的区别，分子热运动只是机械运动的特殊情况。他们花费大量精力，企图用机械的"力"和"质"来解释热力学的基本定律，但都没有成功。

1857 年，克劳修斯全面论述了气体动理论的基本思想，明确提出在气体动理论中应该使用统计概念；1860 年，麦克斯韦（James Clerk Maxwell，1831—1879）采用概率理论，导出了麦克斯韦速度分布的数学表达式；玻尔兹曼（Ludwig Edward Boltzmann，1844—1906）更进一步明确了只有利用统计和概率的方法来理解热现象的规律性，才能揭示热力学基本定律的内容。随后，麦克斯韦和玻尔兹曼的统计思想在吉布斯（Josiah Willard Gibbs，1839—1903）创立统计力学的过程中得到了升华。1902 年，吉布斯系统而严密地给出了统计力学的基本理论。

气体动理论和统计力学都是热学的微观理论，气体动理论是采用统计的方法，以分子的运动来解释物质的宏观热性质；而统计力学则把热运动的宏观现象和微观机制联系起来，利用统计方法从大量偶然事件中发现必然规律，给唯象热力学提供微观说明和数学证明。统计力学是在力学规律的基础上又解释了新的统计性的规律，这是经典物理学的又一次重大突破。

18 世纪至 19 世纪初，由于热质说的兴盛，气体动理论受到压制，发展非常缓慢。直到 19 世纪 50 年代热质说衰落之后，才出现了有利于气体动理论发展的新局面。气体动理论的兴起，与原子论的复兴有着密切的关系。1850 年，克劳修斯设想可以把热和功的相当性，以把热作为一种分子运动的形式体现出来。

他的主要工作包括：

（1）假定气体中分子以同样大小的速度向各个方向随机运动，气体分子同器壁的碰撞产生了气体的压强。在这样的假设下，克劳修斯第一次推导出著名的理想气体压强公式。

（2）验证了玻意耳－马略特定律和盖·吕萨克定律，初步显示了气体动理论的成就。

1857年，他发表论文《论热运动的形式》，以十分明晰的方式全面论述了气体动理论的基本思想。他明确提出，气体在动理论中应该使用统计概念。这个新概念对统计力学的发展起到了开拓性的作用。

1858年，克劳修斯发表题为《关于气体分子的平均自由程》的论文，从分析气体分子间的相互碰撞入手，提出了单位时间内所发生的碰撞次数和气体分子的平均自由程的重要概念，解决了根据理论计算气体分子运动速度很大而气体扩散的传播速度很慢的矛盾，开辟了研究气体输运过程的道路。

在麦克斯韦之前，人们在处理分子运动时，往往假设分子是以同样的速率运动的。通过把经典力学用于分子的运动，企图对系统中所有分子的运动状态，主要是位置和速度，做出完备的描述。1859年，麦克斯韦偶然读到了克劳修斯关于平均自由程的论文，很受鼓舞，点燃了他运用概率理论的信念。他认为可以用所掌握的概率理论对气体动理论进行更全面的论证。但与其他人不同的是，他首先突出了分子运动的无规律性，然后再用统计的方法来描述大量分子的集体对外表现。1859年，麦克斯韦在《哲学杂志》上发表了他关于分子运动的第一篇论文——《气体动理论的说明》，论文的核心是论证"数量很大的、非常微小的、完全弹性的、只在碰撞时有相互作用的坚硬小球所组成的系统的运动规律"。他引入概率的概念，同时假设分子在各个方向上的分速度彼此独立，用概率的方法求粒子速度在某一限值内的粒子的平均数，这就是麦克斯韦速度分布律。

麦克斯韦速度分布律的提出不仅为解释气体分子运动的现象提供了新的方法、奠定了气体动理论的基础，而且意味着分子热运动领域里将呈现出一种新的"统计因果观"的思想。从统计平均的结果来看，装在两个不同容器中的不同类型的气体，它们的温度和压强也可能是相同的，从两组不同的随机量的"因"可能得到相同平均值的"果"，这是统计因果观的一种浅层次的表现。而气体分子速度分布律不仅取决于温度，还取决于分子质量，两个容器中的气体可以具有相同的温度和压强，但由于分子质量不同，它们的速度分布律也不同。因此，不同分子质量的气体在一个特定温度下呈现不同的速度分布函数图像。这就表明，两组不同随机量的"因"可以具有相同统计平均值的"果"，但可能具有不同的统计分布的"果"，这是统计"因果观"的深层次表现。热学正是从这两个层次以由浅入深的认识逻辑次序体现了物理学中的统计因果观思想，这对于经典力学中机械论因果观无疑是一次冲击！

玻尔兹曼是奥地利著名的物理学家，他用毕生精力研究气体动理论，是统计力学的创始人之一。1866 年，玻尔兹曼企图把热力学第二定律跟力学的最小作用原理直接联系起来，但没有成功。受到麦克斯韦速度分布律的启发，他开始采用统计思想研究气体动理论。1868 年，玻尔兹曼发表了题为《运动质点活力平衡的研究》的论文，证明了不仅单原子气体分子遵守麦克斯韦速度分布律，而且多原子分子及凡是可以看成质点系的分子在平衡态都遵从麦克斯韦速度分布律。1871 年，玻尔兹曼又连续发表两篇论文，一篇是《论多原子分子的热平衡》，另一篇是《热平衡的某些理论》。文中，他把麦克斯韦速度分布律推广到有外力场存在的情况，得到了气体在重力场中的平衡分布，这就是"玻尔兹曼分布"，是统计力学的重要定律之一。他还提出另一种推导麦克斯韦速度分布的方法，就是假设一定的能量分布在有限数目的分子之中，能量的各种组合机会均等。也就是说，能量一份一份地分为极小的但有限的份额，当份额数趋向于无穷大，每份能量趋向于无穷小时，就获得了麦克斯韦分布。玻尔兹曼的这种处理方法具有重要意义，后来普朗克建立量子假说采用的就是这种思想。

1872 年，玻尔兹曼发表了题为《气体分子热平衡的进一步研究》的长篇论文，论述气体的输运过程。他证明，如果状态的分布不是麦克斯韦分布，随着时间的推移，必将趋向于麦克斯韦分布。这指明了过程的方向性，和热力学第二定律相当。1877 年，他进一步研究了热力学第二定律的统计解释，提出了著名的玻尔兹曼熵公式，公式中的常量以他的名字命名，就是玻尔兹曼常数。至此，玻尔兹曼为气体动理论建立了较为完善的理论体系，同时也为动理论和热力学的综合打下了基础。由于玻尔兹曼坚决拥护原子论，反对"唯能论"，与一些物理学家进行过长期的论战，因此最终精神崩溃，于 1906 年自杀身亡。

玻尔兹曼像

玻尔兹曼和麦克斯韦的统计思想，后来在吉布斯的工作中得到了发展。吉布斯是美国耶鲁大学的数学物理教授，他开始研究的是热力学，曾在 1873—1878 年连续发表好几篇开创性的论文。但是，热力学是唯象的宏观理论，它的参数要通过实验测得，对此，吉布斯并不满意。他认为，理应是"热力学能够轻易地从统计力学的原理得出"。他仔细研究了麦克斯韦和玻尔兹曼关于统计方法的论著，将他们创立的统计方法推广和发展成为系统理论。他在 1901 年写成《统计力学基本原理》一书，将"热力学的合理基础建立在力学的一个分支上"，创立了统计力学。这本书于 1902 年出版后，影响很大，成为统计力学的经典著作。吉布斯也被后人誉为美国理论科学的第一人。

吉布斯像

第 3 章　电磁学的发展

据记载，人类对电磁学的研究是从对静电现象和磁现象的认识开始的。早在公元前 700 年—公元前 600 年人们就发现了磁石吸铁、磁石指南和摩擦生电等现象。但从这门学科的发展来看，直到 18 世纪末 19 世纪初，电与磁之间的关系才被揭开，并逐步发展成为一门新的学科——电磁学。电磁学的发展之所以比较晚，主要是因为电磁学的研究需要借助更为精密的仪器和更精确的测量方法，而这些条件只有生产力发展到一定水平之后才能具备。此外，受到机械决定论的影响，人们一开始仍然希望从力学角度来解释电磁现象，多方尝试失败后，才意识到对电磁现象的研究需要建立新的概念、新的公理体系，需要开辟不同于经典力学的研究道路。

1600 年，英国的吉尔伯特对电和磁现象进行系统实验研究之后，出版了《磁体、磁性物质和地球大磁体的新科学》一书，详细描述了自己所做的各种磁学实验及对磁现象的一些认知，提出了电力和磁力是性质不同的两种力，开创了电磁现象研究的新纪元。

1663 年，德国的盖里克发明了摩擦起电机，标志着实验研究手段的进步，为人们从实验中观察和研究各种静电现象提供了技术支持。

18 世纪中叶，美国的富兰克林进行了震动世界的"风筝实验"，实现了"天电"和"地电"的统一，并在此基础上发明了避雷针。他还提出了电荷守恒的思想。由于他在电学方面的杰出贡献，因此被誉为"近代电学的奠基人"。

1785 年，库仑设计扭秤实验，对静电力进行了定量的实验测定，并采用类比思想得到电力的平方反比定律，奠定了静电学的理论基础。这是电磁学步入定量研究阶段的开端。

1780 年，意大利的伽伐尼发现了电流，这是电学发展史上的一个转折点，标志着电学从静电领域发展到动电领域。

1800 年，伏打发明了电堆，获得了产生稳定电流的手段，从而使人们对电流的认识从瞬时电流发展到恒定电流，为进一步研究电荷运动的规律及电运动和其他运动的联系创造了条件。

1820 年，丹麦的奥斯特发现了电流的磁效应，促使电磁学研究从电磁分离跃至电磁相互关联的研究阶段。19 世纪二三十年代，电磁学大力发展，欧姆定律、安培定律等先后建立。

1831 年，英国的法拉第发现电磁感应，证实了电和磁的统一性。这是科学史上最伟大的发现之一，它揭示了自然界中的机械运动、电和磁是普遍关联着的，而且可以相互转化。这一发现理论上为电磁场理论的诞生做好了准备；实践中为电动机、发电机的发明奠定了基础，打开了通向电气时代的大门。

19 世纪 60 年代，麦克斯韦总结了前人的成果，做出了"位移电流""涡旋电场"两个假设，以高度的抽象力和数学能力，建立了电磁场的理论体系。1873 年，他在出版的著作《电磁通论》中，全面系统地论述了电磁场理论。这个理论统一了电、磁和光现象，实现了经典物理学的第三次大综合。

1888 年，德国的赫兹用充分的实验证据全面证实了电磁波的存在，从实验上将电磁波和光波统一起来，并测量了电磁波的传播速度。由于赫兹出色的实验，使得麦克斯韦的电磁场理论得到了广泛的认可，电磁学也成为经典物理学的一个主要分支。

3.1 电磁现象的早期研究

电磁现象早期研究的特点是以定性实验研究为主。近代，第一个对电和磁进行系统实验并开展理论研究的人是吉尔伯特。吉尔伯特（William Gilbert，1544—1603），英国著名医生、物理学家，1544 年 5 月 24 日出生于科尔切斯特的一个富裕家庭，25 岁获得医学博士学位。1575 年前后，他在伦敦开业行医，是一个"具有很大成就和声誉的医生"。1601 年，伊丽莎白女王任命他为御医。

吉尔伯特像

吉尔伯特对自然科学一直很有兴趣，他做了大量有关电和磁的实验，主要包括三个方面。第一是有关磁性的实验，其中最著名的就是"小地球"实验，最终得到了"地球本身就是一块巨大磁石"的结论。第二是对电现象的研究，提出了"电"的概念，并认为电现象和磁现象是两种截然不同的现象。他把电和磁现象区分开来是研究电磁现象的一个进步，但他认为电和磁本质上不同这一观点严重影响了电磁学的快速发展。第三是制作了第一个实验用的验电器，用来检测物体是否带电。

1600 年，吉尔伯特出版巨著《磁性、磁性物质和地球大磁体的新科学》。在这本书中，吉尔伯特用详细的实验和较为可靠的推测，展示了自己的研究成果。这标志着定性实验的兴起，使磁学从经验变为科学，对当时的科学发展产生了巨大的推动作用。这本书是在英国出版的第一部伟大的物理科学著作，吉尔伯特被后人誉为"磁的哲学之父"。

相比于磁现象，静电现象的研究要困难得多，这是因为当时获得电源的唯一方法是摩擦起电，但摩擦起电得来的静电太少，要做稍大型的电学实验根本就不可能。1663 年，德国马德堡市的市长盖里克（Oho von Guericke，1602—1686）制造了一种可以产生大量电荷的摩擦起电机。所谓起电机，就是指利用人力或者小动力摩擦，从而获得静电的机械装置。从某种意义上说，起电机是发电机的"鼻祖"。

盖里克像

盖里克制作的起电机电源器是一个巨型硫磺球。此球有一个木柄可以手持，也可以做架子。球的一端是正极，另一端是负极，以方便做不同的实验。盖里克把硫磺球放在一个木制的托架上，一手握住木柄让黄色硫磺球绕轴旋转，一手按在球面上，通过手掌与硫磺球的摩擦产生静电，并让其贮存到硫磺球里。

在今天看来，盖里克发明的起电机是比较粗糙的，但在当时已是很了不起的发明，因为它不但标志着实验研究手段的进步，而且具有很高的实用价值。作为人类制造的第一个起电机，它帮助人类观察到许多重要现象，并为后人设计制造更大型、更先进的发电机提供了参考。由此，在电磁学发展的青史上，盖里克占有一席之地。

盖里克发明的摩擦起电机

有了起电机之后，人们就可以对静电现象进行详细的观察和研究了。1729 年，英国科学家格雷（Stephen Gray，1675—1736）研究了导电现象，发现非电性物体（导体）与电性物体（绝缘体）的区别，以及静电感应现象。1733 年，法国人杜菲（Du Fay，1698—1739）通过树脂和玻璃摩擦起电的实验发现电荷分为两种，这两种电荷同性相斥，异性相吸。他把这两种电荷分别称为"树脂电"和"玻璃电"，后来由富兰克林改称为"负电"和"正电"。1746 年，荷兰莱顿大学物理学教授马森布洛克（Pieter von Musschenbrock，1692—1761）发明了莱顿瓶，为贮存电荷找到了一种新方法。最壮观的一次实验是在巴黎圣母院前，700 多个修道士手拉手排成一行，排头者用手抓住莱顿瓶，排尾者用手握引线，当莱顿瓶放电时，所有修道士受电击同时跳了起来。

1748—1749 年，美国科学家、政治家和文学家富兰克林（Benjamin Franklin，1706—1790）对电学现象进行了认真思考。富兰克林在 1706 年出生于波士顿，他才能卓越，因"从苍天那里取得了雷电，从暴君那里取得了民权"而闻名于世。他曾说过："诚实和勤勉，应该成为你永久的伴侣。"这句话就是他一生的真实写照。

富兰克林像

通过反复地观察和实验，富兰克林有了一个想法，天上的电和地上的电是统一的吗？1749 年 11 月 7 日，他在笔记中列举了 12 条理由来阐明天电和地电的统一性："①发光；②光的颜色；③弯曲方向；④快速运动；⑤被金属传导；⑥在爆发时发出霹雳声；⑦在水中或冰里存在；⑧劈裂它所通过的物体；⑨杀死动物；⑩熔化金属；⑪使易燃物着火；⑫含硫磺气味。"

1752 年，富兰克林用著名的"风筝实验"验证了他的想法。他在给友人的信中写道："用两根轻的杉木条做成一个小十字架，绑在一个丝绸手帕上，把手帕的角扎在十字架的末端，这样就做成了一个风筝……一根尖细的铁丝固定在十字架上的直木条的一端，使铁丝从木条中伸出一英尺或更多些。贴近手边捻线的一端，用丝绸带缠上，在丝绸带和捻线相连接的地方，拴上一把钥匙。"他带上这个装置，在雷雨到来的时候放出了风筝。他观察到绳索松开的纤维直立起来了。他把自己的手指靠近钥匙，就产生了强烈的电火花，他还用电火花使莱顿瓶充了电。富兰克林的工作破除了人们对闪电的迷信，揭开了雷电的奥秘，实现了天电和地电的统一，他因此而荣获 1753 年的科普勒奖章，并被后人誉为"电学之父"。

风筝实验

1750 年，富兰克林提出了避雷针的设想。他说："有了这种尖端放电知识，难道不是对人类大有用处吗？它可以保护房屋、教堂、船舶不受雷击。"1754 年，吉韦茨制造了第一个避雷针。1760 年，富兰克林在费城的大楼上也竖立了一根避雷针。

富兰克林在晚年主要从事政治和社会活动，他是《独立宣言》和美国宪法的起草人之一，为美国的独立和解放做出了贡献。

3.2　库仑定律的发现

　　虽然静电学的三条基本原理——静电力基本特性、电荷守恒和静电感应原理都已经建立起来，但是，库仑定律的建立才标志着电磁学开始步入定量研究阶段，使电磁学真正成为一门科学。

　　库仑定律描述的是静电荷之间的相互作用，它也是一种"平方反比定律"。这个定律的发现，有一个奇特的历史过程。

　　1765 年，富兰克林发现悬于带电金属罐内的软木块不受电力作用，但是他不明白这一现象的意义。1766 年，他写信给朋友英国化学家普利斯特利（Joseph Priestley，1733—1804），希望他重做这个实验予以验证。1766 年 12 月，普利斯特利从实验中发现了空心带电导体对空腔内的电荷没有电力作用，他很快就想到万有引力也有类似的性质。由此他猜测电力作用很可能与万有引力一样，也是平方反比规律。这个思想对库仑定律的发现起着重要的作用。

　　1771 年起，英国物理学家亨利·卡文迪许（Henry Cavendish，1731—1810）用类似的实验和推理方法对电力相互作用的规律进行了研究，得出静电荷只分布在导体表面的性质，验证了电力与距离的 n 次方成反比的规律（ $n = 2 \pm \dfrac{1}{50}$ ）。

　　卡文迪许是个出生在法国的英国人，曾经在剑桥大学学习，主要研究的是物理和数学。1760 年被选为皇家学会会员，也是法国科学院的外籍院士。由于其父亲与姑母遗留的两大笔遗产，使他成了 18 世纪英国有学问的人中的最富有者，以及富有的人中的最有学问者。但他对金钱毫无兴趣，一心扑在科学研究上。1773 年年底前，他虽完成了一系列静电实验，但没有把结果发表出来。直到 100 年之后，麦克斯韦主持剑桥大学卡文迪许实验室时，才发现并整理了卡文迪许的实验论文，并以《尊敬的卡文迪许的电学研究》为题于 1879 年出版。

　　卡文迪许还证实了电容器的电容与两极板间的介质有关，揭示了电介质极化存在束缚电荷这一事实；他发现导体两端的电势差与通过它的电流成正比；用扭秤实验验证了万有引力定律，从而确定了万有引力常数和地球的质量以及地球的平均质量密度，成为第一个"称量地球"的人。此外，他在热学、化学方面也都取得过不少成果。

　　1810 年，卡文迪许逝世在自己的实验室里，他的一生尽瘁于科学研究。卡文迪许的后代、亲属将家族的一笔财产捐赠给剑桥大学，并于 1871 年建成实验室。后来实验室扩大为包括整个物理系在内的科研与教育中心，并以整个卡文迪许家族命名。麦克斯韦、瑞利、汤姆生、卢瑟福等都先后主持过该实验室。

查利·奥古斯丁·库仑（Charles Augustin Coulomb，1736—1806）是一位法国物理学家和工程师，曾经当过法国部队的技术军官，同时进行科学研究，1781年被选为法国科学院院士。

库仑像

库仑早期从事的是摩擦和扭转方面的研究。1777 年，他制作了扭秤：将扭丝悬挂起来，根据金属丝的扭力与扭转角成正比的关系，就可以用来测定小力。1784年，他发表了关于金属丝和扭转弹性的论文，确定了"金属丝的扭力定律"。1785年，他利用自己的扭力理论，自行设计制作了一台精度很高的电秤，用来测定电荷间的斥力，得到了著名的库仑定律。

该电秤装置放在一个直径和高均为 12in（inch，英寸）的玻璃圆缸中，上面盖着一块直径为 13in 的圆玻璃板，以免受到空气流动的影响。板上有两个孔，正中央的孔安上一根高 24in 的玻璃管，管下挂一根细银丝，细银丝上端固定在扭头上，银丝下面吊着一根由绝缘材料制成的横杆。杆的一端为小木球 A，另一端是平衡体 B。玻璃圆缸上有刻度盘。在小木球 A 的旁边，又固定挂着一个相同的小木球 C。实验时，先让这个固定的小木球 C 带电，然后小木球 A 与之接触后分开，此时，A、C 两球所带电荷应该是均等的。由于同性相斥，两球会分离，使细银丝扭转，直到扭力与斥力平衡，此时，细银丝扭转的角度可以从刻度盘上读出。这样，电荷之间的斥力就与细银丝的扭转角成正比。

对于异种电荷的引力实验，扭秤装置遇到了困难，主要是两球相吸，很难保持稳定。而且由于引力，球常常会接触而发生电荷中和，致使实验无法继续。经过探索，他从单摆实验中获得启发，设计了电摆装置进行实验。

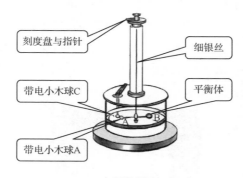

刻度盘与指针

细银丝

带电小木球C

平衡体

带电小木球A

电秤装置

电摆装置包含一个直径为 1ft（foot，英尺）的带电球 G，放在可以升降的绝缘支架上，旁边用一根长 7～8in 的单根蚕丝悬挂一个小摆针，摆针一端镶上一块与摆针绝缘的圆形金箔，直径约为 0.75in，并使摆针与球体中心在同一水平线上。实验时，让球与金箔带上异种电荷，改变两者的距离，并使摆针绕蚕丝摆动，通过测定振动周期来确定力与距离的关系。

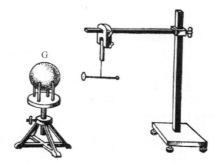

G

电摆装置

经过对实验数据的分析和整理，库仑最终得到了电荷之间的引力和斥力都遵守平方反比定律的结论，该实验规律被称为"库仑定律"。1786 年，他还独立地发现电荷存在于导体的表面，并比较了导体表面不同部分的电荷，指出这只能是电力与距离的平方成反比的结果。

实际上，库仑的实验测量精度并不高，偏差达 4%。但是他受到牛顿力学的启示，采用了类比的方法，借鉴万有引力，事先有了平方反比的概念才会得到上述结论。麦克斯韦曾经指出："为了不用物理理论而得到物理思想，我们必须熟悉物理类比的存在。所谓物理类比，我指的是一种科学的定律与另一种科学的定律之间的部分相似性，它使得这两种科学可以相互说明。"库仑定律的建立代表着类比法的成功，这是一种异中求同的思想，是物理学中的一个重要思想。麦克斯韦方程组的建立过程，也是物理类比思想获得成功的一个绝佳例证。但也必须指出，类比毕竟不是严密的论证，通过类比方法所做出的假设和得到的结论，最终必须通过实验验证并在实践中得到检验才可以。简单的类比法往往会导致错误的结果。例如，对于光本质的认识，科学家们曾经类比于声波，一度认为光也是一种纵波，光的传播和声波的传播一样，需要依赖弹性媒质。这实际上是错误的，而且这种观点导致光的波动说的发展受到了严重的阻碍。

3.3　电流的发现及其磁效应的研究

18 世纪末，电流的发现使电学的研究从静电领域转移到了动电领域。19 世纪初，电流磁效应的发现揭示了电和磁之间的内在联系，这使得电磁学的研究从电磁分离跃至电磁相互关联的研究阶段。从此，电磁学进入了一个迅速发展的时期。

1. 电流的发现和电池的发明

对于电流的发现，伽伐尼和伏打起到了先锋作用。伽伐尼（Aloisio Galvani，1737—1798），意大利生物学家、解剖学教授。1780 年 9 月，他和学生在解剖青蛙时，发现在学生用手术刀触动青蛙的神经时，青蛙会发生痉挛。他注意到，在青蛙痉挛时，附近的摩擦起电机正在放电。经过研究他认为，青蛙发生神经痉挛很可能就来自青蛙自身的某种生物电。然而，这和手术刀有关吗？为什么正好是在起电机放电的时候呢？他进一步研究发现，只要用两种金属连接而成的导体两端分别与青蛙的筋肉接触时，蛙腿就会发生痉挛。1791 年，他在发表的《肌肉运动中的电力》一文中写道："我选择不同的日子，不同的时辰，用各种不同的金属多次重复，总是得到相同的结果，只是在使用某些金属时，收缩得更强烈而已。"他认为动物体内部存在"动物电"，金属只是起传导作用。因此，伽伐尼是发现电流的第一人，但他认为那是一种动物电。

伽伐尼像

很快，伽伐尼的这一发现就惊动了欧洲的学术界。意大利帕维大学教授、物理学家伏打（Alessandro Volta，1745—1827）获悉后，也研究了伽伐尼的发现。他拿来一只活青蛙，用两种金属构成的叉子跨接在青蛙身上，一端触青蛙腿，另一端触青蛙脊背，发现确实可以使青蛙痉挛。起初，他赞同伽伐尼的观点，但是随着实验研究的深入，他开始表示怀疑，因为他发现直接用莱顿瓶经青蛙身体放电，也会引起痉挛。这说明两种金属制成的叉子和莱顿瓶的作用一样。也就是说，电流的来源不是动物体本身，两种不同金属的接触才是产生电流的根本原因。这种电流是"金属电"，肌肉只是起传导作用。为此，伽伐尼和伏打两人展开了长达几十年的学术争论，直到法拉第在 1837 年和 1840 年通过大量的实验，弄清楚了这种电流来源于化学作用，这场争论才宣告结束。

在 1794 年以后，伏打首先研究了不同金属接触时的带电情况，然后把它们排成表，只要将其中两种金属接触，就可以产生接触电势差。而且，他还发现当不同金属浸入某些导电液体时，也会产生电流。1800 年，他把锌片和铜片插入盐水或稀酸杯中，制成了一种电源，就是伏打电池。如果把锌片和铜片夹在用盐水浸湿的纸片中，重复叠成一堆，则可以形成更强的电流，这就是伏打电堆。为此，伏打受到拿破仑的邀请，在巴黎科学学会上演示了他的实验，得到了拿破仑授予的一枚特制的金质奖章，并成为法国科学院院士。今天，电学中的一个重要单位"伏特"，就是为了纪念他。

伏打像

伏打电池的发明具有极其重大的意义：它提供了产生恒定电流的电源，使电学研究从静电领域走向动电领域，为人们研究电流的各种效应提供了条件，也推动电学进入研究电流和电流磁效应的新时期。

2. 电流磁效应的研究

自吉尔伯特开始，对磁进行研究的二百多年以来，电和磁一直是彼此独立、毫无关联的两门学科。直到电流被发现之后，围绕电与磁来寻找自然现象之间的联系，慢慢成为一种潮流，奥斯特就是其中一员。

奥斯特（Hans Christian Orsted，1777—1851），丹麦著名物理学家和化学家，1777 年出生于一个药剂师家庭，从小就对物理、化学感兴趣。1794 年考入哥本哈根大学攻读医学和自然科学，1797 年以优等生的身份毕业。奥斯特知识广博，对哲学和文学也颇有研究。他信奉康德（Immanuel Kant，1724—1804）的哲学思想，与当时世界著名的童话作家安徒生（Hans Christian Andersen，1805—1875）交往甚密。1799 年，他以题为《自然哲学体系论》的论文获得博士学位。

奥斯特像

当时，伽伐尼和伏打关于"动物电"和"金属电"的争论引起了奥斯特的强烈关注，他开始进行有关电和磁的实验。受康德"自然力是统一的，是可以相互转化的"哲学思想的影响，他认为，既然电力与磁力都遵守平方反比定律，具有类似的规律，就说明它们应该有内在的联系。他拿一根细白金丝，接到一个电源上，在它前面放一根磁针，企图用白金丝尖端吸引磁针。然而，即使白金丝烧红了、发光了，磁针也纹丝不动。奥斯特并没有灰心，思考过后，他设想，会不会磁作用也和发光发热一样，也向四周扩展呢？

机会终于来了。1819 年冬到 1820 年春，奥斯特在哥本哈根开办了一个讲座，专门为精通哲学和具备相当物理知识的学者讲授电、电流和磁方面的知识。1820 年 4 月的一个晚上，奥斯特在讲课时，突然想起，过去许多人在沿着电流的方向上寻找电流对磁体的作用都没有成功，那么电流对磁体的作用很可能是"横向"的，而不是"纵向"的。他拿出了准备好的实验器材，即兴地把导线和磁针平行放置，准备做个示范。没有想到，当他把磁针移动到导线下方，助手接通电源的一瞬间，磁针向垂直于导线的方向轻微摆动了一下。这正是他期盼多年的结果。激动的奥斯特在演讲结束后马上进行了研究，在 4—7 月做了 60 多个实验，并于 1820 年 7 月 21 日在《物理与化学年鉴》上发表了论文《电流对磁针的作用的实验》。

奥斯特论文的重要性立即就被科学界所公认，很快被翻译成德文、法文、英文，发表在重要的科学刊物上。法拉第后来在评价这一发现时说："它猛然打开了一个科学领域的大门，那里过去是一片漆黑，如今充满光明。"在丹麦 1961—1970 年发行的面额 100 克朗的钞票上印有奥斯特的肖像，还绘上了他发现电流磁效应的实验装置。由此可见，奥斯特在丹麦人民心中的威望是很高的。因为他第一个揭示出了电与磁之间的内在联系，不仅为电流计、电报和电机的发明、制造开辟了道路，也为电磁场理论的发展奠定了基础。他的工作引出了电学一系列的新发现，此后的十余年时间，成了电磁学大发展时期。

3．安培定律和分子电流假说

奥斯特发现电流磁效应的消息传出后，很多人重复了奥斯特的实验。以"敏感和最能接受他人成果"著称的法国杰出物理学家和数学家安培（André Marie Ampère，1775—1836）也做了这些工作，并进一步发展了奥斯特的成果。

安培像

安培于 1775 年 1 月 20 日出生在法国一个贵族家庭，从小就在父亲的指导下学习数学。1799 年，安培开始了系统的数学研究，1802 年发表了第一篇论文《概率论的应用》。不过安培最大的贡献是在物理领域，1820—1821 年是他在一生中科学发现的黄金时代。

1820 年 9 月 18 日、9 月 25 日和 10 月 9 日，安培在法国科学院会议上连续三次报告了他的实验研究结果：首先，确定了磁针偏转方向的右手定则；其次，提出了磁棒类似于载流线圈，磁性是磁体内分子电流产生的磁效应（但他的分子电流假说只是一种模型，直到 20 世纪，磁性的本质才在量子理论的基础上得到真正的解释）；再次，地球的磁性也来源于电流；最后，发现了一个电流对另一个电流的作用，这又是一个重大突破。为了说明磁性和电流的关系，他考察了线圈之间的相互作用，并进而研究直线电流之间的相互作用。他指出：两个直线电流，方向相同则相互吸引，方向相反则相互排斥。

自 1820 年 10 月起，安培在几个月时间内，对电流之间的相互作用力进行了系统的实验研究，他精心设计了 4 个实验。他在一系列实验的基础上，仿照牛顿力学，把电磁力简化为电流元之间的引力和斥力。凭借卓越的数学才能，安培归纳、总结得到了电流元之间作用力的计算公式。这个规律的发现，使人们对大自然力之间的内在联系又有了一个新的认识。安培的工作为以后电动力学的研究和发展，奠定了新的基础。人们为纪念他，将电流强度的单位定义为"安培"。

1821 年，安培提出分子电流假说，从而建立了电动力学分子模型。1827 年，安培出版了名著《从实验导出的关于电动力学现象的数学理论》。他在总结经验时这样写道："先从对事实的观察开始，尽可能地改变伴随条件，并佐以精确的测量，以便导出完全基于实验的一般规律，再从这些规律导出这些力的数学表达式……这就是牛顿所遵循的路线。"因此，安培被人们称为"电学中的牛顿"。麦克斯韦在他的《电磁通论》中对安培的工作给予了高度的评价："安培借以建立电流之间的机械作用定律的实验研究，是科学上最辉煌的成就之一。"

3.4　法拉第和电磁感应

众所周知，电磁感应现象是由英国著名科学家法拉第在 1831 年发现的。鲜为人知的是，早在 1822 年，安培已经在实验中发现了一个电流可以感应出另一个电流的现象。但他由于过分执着"分子电流假说"，坚持认为实验中产生的电流就是分子电流，从而错过了发现电磁感应的机会。他在实验记述里给出了轻率的结论："感应能产生电流这一事实，尽管本身很有趣，但它与电动力作用的总体理论无关。"因此他并未将这一实验公布。恩格斯评价安培是物理学史上又一位"当真理碰到鼻尖上的时候，还是没有得到真理"的人。

1825 年，瑞士物理学家科拉顿（Jean-Daniel Colladon，1802—1892）设计了一个实验：先把磁铁插入闭合线圈，再观察线圈是否会产生感应电流。他为了避免磁铁对电流计的影响，特意通过很长的导线把接在闭合线圈上的灵敏电流计放到隔壁房间。在进行实验时，他先把磁铁插入线圈，然后跑到另一个房间去观察电流计偏转，但始终没看到电流计指针动一下。因此，他的实验虽然已经很接近发现的边缘，但由于他错误地以为感应电流是稳定的，失去了观察到瞬时效应的良机。

1824 年，法国著名天文学家和物理学家阿拉果（Dominigue Francois Jean Arago，1786—1853）设计的实验也涉及了电磁感应现象：把磁针当作单摆，让它在一个铜盘上方摆动，磁针的摆动会很快衰减；当磁针停下不动，转动下面的铜盘时，磁针也跟着转动。这个实验实际上就是电磁感应的例证，但在当时，阿拉果没能做出解释，只是如实地宣布了实验结果。法国物理学家毕奥（Jean Baptiste Biot，1774—1862）认为是铜盘在运动中产生了磁性，安培则提出是铜盘在运动中产生了电流，但他们都没有挖掘到问题的实质。法拉第重复了实验。虽然一开始他也无法做出明确的解释，但是这些实验坚定了他对"磁生电"的信念，并最终使他在 1831 年发现了电磁感应现象。

法拉第像

迈克尔·法拉第（Michael Faraday，1791—1867），英国著名物理学家、化学家，他于 1791 年 9 月 22 日出生在一个贫困家庭，父亲是一个穷铁匠。由于家境贫寒，法拉第一生中虽几乎没受过什么正规的学校教育，却在化学和电磁学领域都做出过杰出贡献。如他的前辈伽利略、牛顿在力学方面的贡献一样，法拉第的贡献具有划时代的意义。法拉第本人也堪称勤奋刻苦、探索真理、不计个人名利的典范。

他是一个不向贫困低头的科学迷。小学没毕业就到一家装订和出售书籍的铺子里当学徒，但这反而为他读书创造了条件。老板里波（Mr.Rieban）对这个勤奋好学的小学徒十分怜爱，鼓励他读书。法拉第不但喜欢读书，还重视实验。他把自己的小阁楼改造成一个小实验室，经常忙到深夜。他后来在回忆这段生活时说："在当学徒的时候，我爱看手边的科学书，其中最爱读的是马西特夫人的《化学漫谈》和《不列颠百科全书》中的电学论文。我做了一些花费得起的实验，每星期花上几个便士，还制成了一种电学机械，起初用小玻璃瓶，后来就用真正的金属圆筒，以及其他这类电学仪器。"

1812 年冬，法拉第给伦敦皇家学院著名院长、英国化学家汉弗莱·戴维（Humphry Davy 1778—1829）写信，请求戴维帮助他到皇家学院工作。作为自荐书，他寄来了听戴维演讲时记下的笔记《戴维爵士演讲录》。笔记不但装订得整齐美观，内容也非常丰富，还在许多地方做了注释和补充。戴维被打动了，并于 1813 年 3 月雇佣法拉第当了助手。正如他后来所说："我一生中最伟大的发现，是法拉第。"就这样，法拉第到皇家学院工作的愿望终于实现了，并由此步入了科学的殿堂。

1813 年 10 月到 1815 年 3 月，法拉第跟随戴维去欧洲进行学术交流。他们途径法国、意大利、瑞士等地，既见到了欧洲一流的科学家，又了解到了各国科学发展的现状。法拉第在实践中不仅学习了科学思想和科学方法，还开阔了眼界，并且学习了外语。

1815 年，从欧洲旅行回来的法拉第求知欲望越发强烈，对实验研究的投入越发专注。他说道："如果没有那些在实验事实和在书的启发下所做的实验，我无法想象，单靠读书就能获得这样大的进步。不看见事实，我自己永远也不能解释它。""如果没有实验，我将一事无成。""实验是无止境的，但是一定要坚持做下去，否则谁知道可能会有什么样的结果。"1827 年，法拉第的巨著《化学操作》出版，这本书充分反映了他出色的化学实验才能。在 1830 年之前，法拉第主要从事的是化学分析领域的研究工作。

1820 年，奥斯特关于电流磁效应的重大发现，逐渐把法拉第从化学领域吸引到了电磁领域。1821 年 9 月，在戴维和沃拉斯顿（William Hyde Wollaston，1766—1828）教授实验的基础上，法拉第认识到通电导线在磁场的作用下不可能发生"自转"：如果固定磁铁，通电导线可能会绕磁铁"公转"；反之，如果导线固定，磁铁也可能会绕导线"公转"。由此，他设计了"电磁旋转"实验。果然，当接通电源时，在左侧的容器里，磁铁绕着固定导线缓慢地做圆周运动；而在右侧的容器里，导线绕固定磁铁在转动。1821 年 10 月，他发表了第一篇电磁学论文——《论某些新的电磁运动兼磁学理论》，文中总结了他的这一发现，这其实就是电动机的雏型。

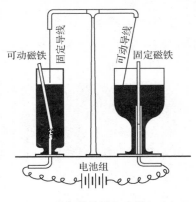

"电磁旋转"实验

法拉第没有将精力花在如何设法把他的重要发现推向应用，他想得更多的是要进一步探索电和磁的关系，揭示电磁相互作用的本质。他认为自然界是统一的。他在实验记录中写道："长期以来，我就持有一种观点，几乎是一种信仰，我相信其他许多爱好自然知识的人也会共同有的，就是物质的力在表现出来时所具有的各种形态，都有一个共同的根源，所以它们似乎是可以相互转化的。"这样的思想造就了他的伟大发现，就是电磁感应。

1824 年 11 月起，法拉第开始设计实验，研究磁生电的过程。开始时他想得比较简单，认为只要用磁性很强的磁铁靠近导线，到导线中就会产生电流，结果实验没有成功。1825 年 11 月，法拉第有了一个新的实验构想：如果在一根导线中通电流，在通电导线旁边的另一根导线中就能产生感应电流。但他在实验中没有观察到另一根导线上电流计的指针有偏转。尽管实验又以失败告终，但法拉第还是没有动摇，他在实验日记中表达了自己的信念：既然电能生磁，磁就一定能生电。就这样，法拉第在一次次实验中逐步领悟到必须加大电流的强度，并注意瞬时变化。

功夫不负有心人。1831 年 8 月，法拉第终于取得了突破性的进展。他在日记中写道："用圆铁条做一个圆铁环，它的尺寸是 8/7in（圆铁条的直径），它的外直径（圆环直径）是 6in。在圆铁环的一个半边绕了许多匝铜线，每匝之间用麻线和白布隔开，其中共绕三个线圈，每个线圈都用 24ft 左右的铜线绕成。它们既可以连在一起使用，也可以分别使用。这三个线圈彼此是绝缘的，我们把圆铁环的这半边称为 A。中间先隔开一段距离，再在圆铁环的另一边用两根铜线绕成两个线圈，铜线的总长度大约是 60ft，缠绕方向与前面的线圈相同，我们把这半边称为 B。""首先把 10 个电池连在一起，每个电池电极板的面积是 $4in^2$。把 B 边的线圈连在一起并将它的两个端点用一根铜线连接起来，铜线经过一段距离（离圆铁环 3ft），刚好越过一个磁针的上面一点。然后把 A 边的一个线圈的两端同电池接通，立即就对磁针产生了可以观察到的影响。磁针摆动着，最后又恢复到原来的位置上。当切断 A 边线圈与电池的连接时，磁针又一次受到了扰动。""把 A 边的三个线圈连成一个线圈，使电流流过所有的线圈，对磁针的影响比以前强得多。"

　　这就是法拉第成功做出的第一个电磁感应实验，但是他当时还没有完全明白其中的道理。1831 年 9 月，法拉第在给朋友的信中写道："我正再度忙于研究电磁学。我想，我捞到了一点好东西，可是没有把握。或许我花费了那么多劳动，捞到的不是一条大鱼，而是一团水草。"

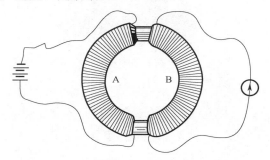

法拉第的电磁感应实验

　　法拉第认真地对实验进行了进一步的思考，此后又做了其他实验不断对自己的想法加以验证。比如，把铁芯换成木芯，结果发现依然有电磁感应。这就说明电磁感应只和电流的变化有关。如果电流很大，但是保持不变，结果导线灼热了，也没有产生感应现象。他取来一根铁棒，首先在铁棒上绕了线圈，然后再和电流计相接，铁棒两端各放一根条形磁铁，当铁棒拉进拉出时，电流计的指针就会不断摆动。他把一个条形磁铁插入线圈，发现在条形磁铁插入线圈和拔出线圈的一瞬间，线圈都会产生感应电流。他把一个圆盘置于马蹄形磁极之间，从铜盘的轴心和边缘引出两根导线接在电流计上，旋转圆盘，就从这两根导线中引出了持续的电流。这样一来，法拉第就创造了第一台最原始的直流发电机。

　　通过大量的实验研究，法拉第终于实现了磁生电，而且已经完全搞清楚这一过程的基本规律。该实验进一步揭示了电与磁相互转化的辩证关系。1831 年 11 月 24 日，法拉第向英国皇家学会汇报了关于电磁感应的研究进展，他把可以产生感应电流的情况分为 5 类：①变化的电流；②变化的磁场；③运动的稳恒电流；④运动的磁铁；⑤运动的导线。至此，法拉第何止是"捞到了一条大鱼"，他不仅造就了 19 世纪最伟大的发现，也是整个科学史上最伟大的发现之一。

法拉第制造的原始直流发电机

　　法拉第在电磁领域的另一个重要贡献就是概念"场"的提出。这源于法拉第杰出的科学想象力，是他高度创造力的一个表现。爱因斯坦认为："想象力比知识更重要，因为知识是有限的，而想象力概括着世界上的一切，推动着进步，并且是知识进化的源泉。"任何科学想象或者创新思维应该植根于广博科学知识的土壤里，也是长期经验累积的结果。

　　在电磁感应实验的基础上，法拉第想找到一种直观的方法来展示磁力。1831年 11 月 24 日，法拉第在皇家学会演示了一个用铁屑显示磁铁周围磁力分布的实验。铁屑形成的有规律的曲线分布就是磁力线。1845 年，法拉第提出布满磁力线的物理空间为"磁场"。磁场是客观存在的，磁铁之间、磁铁与电流之间，以及电流之间的相互作用都是通过"磁场"传递的。1851 年，他发表论文《论磁力线》，文中用磁力线的概念成功地描述了电磁感应定律："无论导线是垂直还是倾斜地跨过磁力线，也无论它是沿着某一方向或沿另一方向，该导线都把所跨过的磁力线所示的力汇总起来"，因而"形成电流的力正比于所切割的磁力线数"。

　　法拉第"场"的物理思想是深刻的，但是由于他尚未将自己的思想用数学进行定量表述，因此被科学界批评为缺乏理论的严谨性。所幸的是，科学发展自有后来人。麦克斯韦以法拉第的工作为出发点，于 1865 年成功地用精确的数学语言给出了描述电磁场运动的基本方程——麦克斯韦方程组，并从理论上预言了电磁波的存在。

　　如今，"场"不仅是物理学的一个重要概念，也是现代物理学与经典力学在物质观的认识上的最大区别。在物理学中，"从头开始"了解"场"的概念的由来并深化和发展对"场"的认识，实际上就成了贯穿整个电磁学的一条思想主线。

1839 年，法拉第出版了著作《电学实验研究》第一卷，1844 年出版第二卷，1855 年出版第三卷。这部巨著汇集了法拉第在电、磁、光等方面的研究成果。而法拉第之所以能在电磁学领域做出如此巨大的贡献，除了他吃苦耐劳、富于创造，更主要的是他具有唯物主义的物理观和辩证法思想。法拉第一直希望自己能成为一名"自然哲学家"。在一次演讲中，他说："自然哲学家应当是这样一种人：他虽然愿意倾听每一种意见，却下定决心要自己做出判断；他应当不被表面现象所迷惑，不对某一种假设偏爱，不属于任何学派，在学术上不盲从大师；他应该重事不重人；真理应当是他的首要目标。"

法拉第的贡献不仅仅是在科学领域，他还为我们留下了宝贵的精神财富。他一生热心公众事业。他说："哲学家都有高尚的道德感情。"除了科学研究，只要对国家、对民众有利的事情他都会很热心、用心地去做，如制造煤矿中使用的安全矿灯、改进海岸灯塔的照明设施、研究如何保护伦敦博物馆里的名画不受空气污染的损害、研究如何保护泰晤士河水、举办"星期五晚间讨论会"普及科学知识、举办"圣诞节少年科学讲座"、出版科普读物等。

法拉第一直坚持做一个平凡的人。他一生淡泊名利，执着地追求科学真理，生命不息，研究不止。19 世纪 50 年代，60 多岁的法拉第尽管身体衰弱、记忆力衰退，但仍坚持为公众演讲，坚持做实验研究、记实验日记和整理发表著作，亲手装订了 40 年以来的实验日记，并赠给皇家学院。1862 年 3 月 12 日，法拉第写下最后一条实验日记（编号 16041）。

1867 年 8 月 25 日，拉法第安详地离开人世。按照他的遗愿，参加葬礼的只有家里的几个亲人，墓碑上也简单地刻着他的名字"迈克尔·法拉第"。

3.5　麦克斯韦电磁场理论的建立

牛顿建立经典力学体系两个世纪之后，麦克斯韦在电磁学领域完成了可以和牛顿相媲美的功业。麦克斯韦不仅对当时人们所掌握的有关电、磁和光的一切知识进行了总括，还确立了电磁场的数学结构——麦克斯韦方程组，形成了整个电磁理论的基础，并预言了电磁波的存在。爱因斯坦这样评价麦克斯韦对物理学发展的贡献："不妨这样说，在麦克斯韦之前，物理实体，就其所表现出来的自然过程而言，被认为是由物质微粒组成的，它们的变化是受偏微分方程支配的运动。自从有了麦克斯韦，物理实体便被看作由连续的场所组成的世界，这些场受偏微分方程的约束，但无法从力学的角度进行解释。物理实体这一概念的变化，是物理学自牛顿以来所经历的最深刻和最有成效的变革……""一个科学时代结束了，而另一个科学时代开始于詹姆斯·克拉克·麦克斯韦。"

麦克斯韦像

麦克斯韦（James Clerk Maxwell，1831—1879），英国物理学家、数学家，是经典电动力学的创始人，统计力学的奠基人之一。1831 年 6 月 13 日出生于苏格兰爱丁堡，他出生的这一年，正好是法拉第发现电磁感应的那一年。

麦克斯韦在电学、热力学、气体动理论等物理学研究蓬勃发展期间慢慢成长。10 岁时，他进入爱丁堡中学，成为班上公认的最优秀的学生，数学成绩尤其出众；15 岁时，他在《爱丁堡皇家学报》发表了一篇论文，讨论二次曲线的作图；16 岁进入爱丁堡大学攻读数学和物理；1854 年，麦克斯韦从剑桥大学毕业，获得了学位，并留在剑桥大学进行研究工作；1861 年被选为皇家学会的院士；1873 年出版《电磁通论》，该书被尊为继牛顿《自然哲学的数学原理》之后的一部最重要的物理学经典。1874 年，麦克斯韦任卡文迪许实验室首任主任；1879 年，因病逝世。

1860—1865 年是麦克斯韦一生中最富有成果的时期，而他最杰出的成就就是建立了电磁场理论。当时，在电磁学的实验研究方面，库仑定律、高斯定理、安培定律和法拉第电磁感应定律已先后建立。麦克斯韦阅读了法拉第的著作《电学实验研究》和论文《论磁力线》，其电磁场论的思想给麦克斯韦的创造性研究提供了肥沃的土壤。他信服法拉第的物理思想，决心为法拉第的力线和场的概念提供数学方法的基础。他坚持认为："把数学分析和实验研究联合使用所得到的物理知识，比一个单纯的实验人员或单纯的数学家能具有的知识更坚实、有益和稳固。"于是，他充分发挥自己的数学才能，用严密的逻辑推理对法拉第提出的场的概念做出了数学表示，从而建立起了麦克斯韦电磁理论。因此，他和牛顿一样，是

"站在巨人的肩膀上"，一步一步地提炼出丰硕的成果，最终实现经典物理学的第三次大综合——电、磁和光现象的综合与统一。

麦克斯韦经典电磁场理论的建立经历了三个阶段，他的三篇论文可以体现这个过程。

第一个阶段是 1855—1856 年，他发表了第一篇关于电磁理论的论文——《论法拉第的力线》。这篇论文又是一次物理学类比思想的体现和应用。麦克斯韦把法拉第力线和不可压缩流体之间进行了类比，通过引入一种新的矢量函数来表述电磁场，把法拉第思想用数学语言进行了描述，导出了电磁场中的力和通量之间的关系。这篇论文受到法拉第的赞赏。法拉第说："我惊讶地看到，这个主题居然处理得如此之好。"

1860 年，70 岁的法拉第和 30 岁的麦克斯韦见面了，建立电磁理论的共同心愿跨越了年龄的鸿沟。法拉第对麦克斯韦说："你不要停留在用数学来解释我的观点上，而应该突破它。"

第二个阶段是 1861—1863 年，麦克斯韦建立电磁理论的代表性论文为《论物理力线》。在这篇论文中，他给出了电磁场的运动学和动力学方程。麦克斯韦意识到，纯粹的类比虽然能对物理现象的共性做出抽象，但没能反映出电磁场本身的特点。为了更好地体现法拉第力线的思想，麦克斯韦提出了"电磁以太"的力学模型来说明法拉第力线的应力性质。1861 年，他在此基础上，创造性地提出"位移电流"和"涡旋电场"两大重要假设。

第三阶段是 1864—1865 年，麦克斯韦在《哲学杂志》上发表了论文《电磁场的动力学基础》，系统地总结了从库仑、安培到法拉第及他自己的研究成果，以几个基本的实验事实为基础，从场的观点出发，建立了自己的理论体系——麦克斯韦方程组，并由此推导出了电磁波的波动方程，证明了其传播速度与光速相同。他写道："这个速度与光的速度如此接近，因而我们有充分理由得出结论：光本身（包括热辐射和其他辐射）是一种电磁扰动，它按照电磁定律以波的形式通过电磁场传播。"

1873 年，他出版了电磁场理论的经典著作《电磁通论》，系统、严密地论述了电磁场理论，并从数学上证明了麦克斯韦方程组解的唯一性，从而表明这个方程组能够精确反映电磁场的运动规律。从电磁场理论的建立过程可以看出，麦克斯韦敏锐地抓住了位移电流、涡旋电场和电磁波的概念，甩掉了机械因果观的论点，把电磁场作为客体摆在电磁学理论的核心位置上，开创了物理学的又一个新起点。而且，电磁理论的建立包含了电场和磁场的相互联系和相互转化，以及电磁场的因果观思想，电场和磁场两者之间存在着互相既是原因又是结果的新型逻辑关系。

在物理学史上，麦克斯韦是第一个在没有充分经验事实的情况下，仅依靠纯抽象的审美判断（数学上的对称性），就提出了电磁波的假说，并将光和电磁波统一起来的人，这一思想方法的飞跃非常新颖和大胆。从对称性思想的认识历程上来看，麦克斯韦更是值得骄傲，因为他把经典物理学的对称性思想推上了新的高峰——从表象上的对称性提高到理论结构的对称性。

1879 年 11 月 5 日，麦克斯韦因病在剑桥逝世。麦克斯韦虽然只活了 48 岁，但他却写了 10 多篇极有价值的论文，内容涉及物理学的多个方面。他被普遍认为是对物理学最有影响力的物理学家之一。他认为，自然界是和谐的，一种反映自然规律的理论，如果框架上不完善、不和谐，也就意味着要进一步改进和探索。他一直在寻找不同现象之间的联系，重视科学方法的应用。他知识底蕴丰厚、想象力丰富，大胆猜测假设，对理论的完美和谐进行不懈的追求。他的电磁场理论把电、磁和光三个领域综合在一起，具有划时代的意义，促成了第二次工业革命的诞生，成为人类改造自然、提高生产力的有力杠杆。

然而，麦克斯韦方程组的对称和完美虽然受到人们的赞赏，但是因为从来没有人能够证明电磁波是真实存在的，甚至物理学界的著名学者，也不敢完全相信这个未经证实的新理论是正确的。直到 1887—1888 年，德国物理学家赫兹从实验中发现了电磁波，并精确测量了电磁波的传播速度，人们对麦克斯韦电磁理论的顾虑才被彻底地打消了。

3.6　电磁波的实验发现

据史料记载，法拉第早在发现电磁感应不久之后就从场的概念出发，把电和声加以对比，预见到电和磁的感应需要一个传播过程。但由于条件所限，没能用实验加以证实。1832 年，他写了一封密信，提交给皇家学会保存。从信的内容可以看出，他已经预言了电磁波存在的可能性。1857 年，法拉第曾经设计过一个实验，试图测出电磁感应作用的传播速度。他在一间屋子里面平行放置三个线圈，中间是施感线圈，两侧是受感线圈。两个受感线圈的感应电流沿相反的方向通过电流计。由于距离不同，受感线圈中的感应电流应该一前一后地产生。但是不管线圈怎么移动，实际测量的时间间隔总是为零。其实，法拉第设计的实验原理没有错，只是因为当时实验中线圈之间的距离对于光速来说太短了。

在实验中发现电磁波这项工作，最终由德国物理学家赫兹率先完成了。海因里希·鲁道夫·赫兹（Heinrich Rudolf Hertz，1857—1894），1857 年 2 月 22 日生于德国汉堡，父亲是律师。赫兹在中学阶段就对自然科学实验，尤其是力学和光学实验很感兴趣。1877 年，他进入慕尼黑大学学习工程科学，著名物理学家菲利普·冯·约里（Philipp Gustav von Jolly，1809—1884）的物理课和数学课引起了他的极大的兴趣。在约里的指导下，赫兹认真钻研了拉格朗日（Joseph Lagrange，1736—1813）、拉普拉斯（Pierre-Simon marquis de Laplace，1749—1827）、泊松（Simeon Denis Poisson，1781—1840）等的经典著作。1878 年，他进入柏林大学，成为亥姆霍兹的得意门生。在老师的影响和鼓励下，他深入研究电磁理论，1880年获博士学位，1889 年到波恩大学任教，1894 年因血液中毒而去世，年仅 36 岁。

赫兹像

　　1879 年，亥姆霍兹在综合了当时电磁学研究的成果，特别是麦克斯韦电磁场理论的基础上，以"用实验建立电磁力和绝缘体介质极化的关系"为题，由德国柏林科学院悬赏征解。这点燃了年轻的赫兹进行电磁波实验的斗志。1887 年年底到 1888 年年初，赫兹设计了一个用驻波法测量电磁波速度的实验。实验被安排在一个长 15m、宽 14m、高 6m 的教室中进行。在离波源 13m 处的墙上安装了一块4m×2m 的锌板，当从波源发射出的电磁波经过锌板反射后，在空间形成了驻波。他首先假设电磁波传播的速度就是光速，然后探测驻波波节点的位置求出波长，这样就可以推出电磁波的振荡周期。接着，他利用电磁振荡理论直接计算出电磁波的振荡周期，再与自己从实验数据中推出的结果进行比较，发现相差不到 10%，这等于证实了电磁波传播的速度就是光速。1888 年 1 月，他完成了论文《论电动效应的传播速度》，公开了实验过程及实验结果，电磁波的探测实验宣告完成。

　　此后，他还设计实验研究了电磁波的反射、折射和偏振等性质，证明了电磁波和光一样符合几何光学定律。1888 年 12 月 13 日，他向柏林科学院提交的报告《论电力的辐射》中，总结了他的研究成果。文中，他以充分的实验证据全面证实了电磁波和光波的统一性："我认为，这些实验有力地铲除了对光、辐射热和电磁波之间的统一性的任何怀疑。"这样，由法拉第开创、麦克斯韦建立、赫兹验证的电磁场理论向全世界宣告了它的胜利。后人为了纪念赫兹的贡献，用他的名字"赫兹"作为频率的单位。

赫兹的研究工作对后人有着重要的影响。洛仑兹就是在赫兹的启发下开始对电磁学的基本问题进行研究的。赫兹的实验还导致了光电效应的发现，为光量子理论的诞生埋下了伏笔。

第 4 章　光学的发展

　　光学主要研究光的本性、光的发射和吸收、光的传播及光与其他物质的相互作用。它是物理学中的一门重要分支，渗透到人类社会生活的各个领域。它和力学、电磁学一样历史悠久，但是发展较为缓慢。在近代，经过 17—19 世纪约 300 年的探索，人们才真正认识了光的性质并形成系统的理论。光学的历史发展过程大体可分为五个时期，其中经典光学的发展主要包含前三个时期。

　　第一个是萌芽时期，大约是春秋战国时期到 1600 年之前。这一时期，光学的研究以定性的观察和描述为主，并未形成系统的理论。例如，欧几里得研究了光的反射；托勒密研究了光的折射，他认为光的折射角与入射角成正比；古阿拉伯光学家阿勒·哈增在他的著作《光学全书》里，讨论了许多光学现象。

　　第二个是几何光学时期，指 17—18 世纪。这一时期是光学发展史上的转折点，一系列的成果标志着光学真正地成为一门科学。荷兰人斯涅耳通过实验建立折射定律；法国的费马建立费马原理；牛顿研究了分光实验，开创了光谱学研究，并根据光的直线传播特性，提出了光的微粒说。实践中，人们发明了各种光学仪器，如望远镜、显微镜等，用于天文学、航海、生物学等领域。

　　第三个是波动光学时期，指 1800—1905 年。英国人托马斯·杨圆满地完成了双狭缝干涉实验，波动光学初步形成；1818 年，法国人菲涅耳补充了惠更斯原理，形成了今天为人们所熟知的惠更斯-菲涅耳原理，用它可圆满地解释光的干涉和衍射现象，也能解释光的直线传播特性。

　　第四个是量子光学时期，指从 19 世纪末到 20 世纪中叶。这一时期，光学的研究深入光的发生、光与物质相互作用的微观机制中。由于经典物理学中光的电磁理论无法解释光与物质相互作用的某些现象，如光电效应，爱因斯坦提出光量子假说，揭示了光具有波粒二象性。

　　第五个是现代光学时期，指 20 世纪中叶至今。随着新技术的出现和新理论的不断发展，人们开始把数学、电子技术和通信理论与光学结合起来，逐步形成了许多新的分支学科或交叉学科，光学的应用也日趋广泛。特别是激光器的发明，使光学的发展步入一个新的时期，成为光学发展史上一个具有革命性的里程碑。现代光学与其他学科和技术的结合，也正在成为人们认识自然、改造自然及提高生产力的有力武器。

4.1　早期光学的研究

人们对光的认识是与生产、生活实践紧密相关的。它起源于火的获得和对光源的利用，并以光学器具的发明、制造及应用为前提条件。

1. 我国古代的光学知识

在我国古代，光学知识相对来说比较丰富，最具代表性的科学家有战国初期的墨翟、东汉的王充、宋代的沈括和元代的赵友钦。

墨翟（约公元前 480—公元前 420）也称墨子，我国古代伟大的思想家之一。墨翟领导的学术团体被后人称为墨家。墨家的成员大多来自生产第一线，有丰富的技术知识和刻苦的钻研精神，他们专注于科学技术的研究，对科学发展起着积极作用。墨翟的主要贡献汇集于《墨经》，涉及逻辑学、数学、物理学和伦理学等多个方面。《墨经》全文 5000 多字，共 179 条经文，其中有 8 条记载了有关光学的观察、实验事实和规律，包括投影、小孔成像、光的反射、平面镜成像、凹面镜成像、凸面镜成像等。此外，《墨经》还揭示了物质的不连续性，并阐述了"物质是最小单位不可分割"的思想，是我国"原子论"的萌芽。

王充（约公元 27—公元 97），东汉会稽上虞（今浙江上虞）人，其著作《论衡》内容丰富，是中古时期我国的一部百科全书，其中物理学方面的知识包括力学、声学、光学、热学、电磁学等多个领域，推进了我国唯物主义思想的发展。

沈括（1031—1095），北宋钱塘（今杭州）人，我国古代杰出的博学家，晚年在梦溪园完成了举世闻名的巨著《梦溪笔谈》。《梦溪笔谈》共 30 卷，总结了我国北宋时期的科学成就，特别是自然科学的成就，内容涉及天文、气象、数学、地理、物理、化学、医药、冶金等多个方面，被誉为"中国科学史上的坐标"。沈括在光学方面具有很高的造诣，他通俗地讲述了凹面镜成像和针孔成像的道理，还对光的直线传播和光的折射现象进行了研究，解释了虹的科学原理。沈括在自然科学上的成就，与他正确的思想方法分不开。他强调调查研究，重视观察、实践。他的思想在一定程度上反映了唯物主义观点和认识方法，并用朴素的辩证法观察和分析事物。

赵友钦（生卒年不详，约 13 世纪中叶—14 世纪初），我国宋末元初人，是宋室汉王第十二世子孙。他是 13 世纪末的光学实验物理学家，在天文学、数学和光学方面成果显赫。他对光线直进、小孔成像与照度进行了大规模的实验研究，这些实验在世界物理学史上是首创的，被记载在他的著作《革象新书》的"小罅光景"这一部分中。赵友钦在安排实验时，在每个步骤中都确定把一个因素作为研究对象，其他因素保持不变，这种研究方法在实验研究中是十分科学的。

2．反射定律和折射定律的建立

光学真正成为一门科学，应该从反射定律和折射定律的建立算起，因为这两个定律奠定了几何光学的基础。由于反射现象相对比较直观，进行实验也比较容易，因此反射定律在古希腊后期就已经建立起来了。欧几里得的著作《反射光学》就讨论了各种镜面对光的反射现象，并证明了反射定律。10—11 世纪，古阿拉伯光学家阿勒·哈增（Al Hazen，约 965—1039）深入研究了光学现象，写了一本《光学全书》。关于光的反射问题，他进一步指出，入射角和反射角在同一平面内。这本书后来被译成拉丁语，在欧洲流行了几个世纪，对光学的发展起到了推动作用。

人们对折射现象的研究也很早，亚里士多德就曾经在他的著作中谈到过光的折射现象。但折射定律的建立却比反射定律晚得多，其间经历了漫长的过程。最早有实验数据记载的，是天文学家托勒密做过光的折射实验。他写的《光学》一书有 5 卷，可惜原著早已失传。从残留下来的资料可知，在那部书中记载了折射实验和他得到的结果：折射角与入射角成正比。大约一千年之后，阿勒·哈增才发现托勒密的结论与实际不符。

1611 年，开普勒在《折光学》一书中，对折射现象的实验研究进行了阐述。开普勒研究发现，折射的大小不能仅从物质密度的大小来考虑：只有入射角比较小时，才可以认为入射角和折射角之比是一定的，但是角度增大，情况就不是如此；如果光线以适当的角度入射到两种介质的界面上，就有可能不会进入另一种介质，而是被折射回原来的介质中，这标志着全反射思想的萌芽。但他还是没有找到正确的折射定律表达式。

1621 年，荷兰数学家、物理学家斯涅耳（Willebrord Snell，1580—1626）通过实验得出折射定律。他做了类似开普勒所做的实验，发现在相同介质中，入射角和折射角的余割之比保持一个不变的常数。但他没有发表这一结果，直到 1626 年，才由他的学生从其遗稿中发现了这一结果，并发表了出来。

斯涅耳像

在现代书本中看到的折射定律，是由法国哲学家、数学家、物理学家笛卡儿（René Descartes，1596—1650）推导的。1637 年，他将坐标几何学应用到光学研究上，发表了《屈光学》，给出了折射定律的一般表达式。他没有做实验，而是从一些设想出发，用小球的运动来阐述光的折射，从理论上推导了折射定律。

笛卡儿像

1662 年，法国律师和业余数学家费马（Pierre de Fermat，1601—1665）采用极值思想推导了折射定律。他用求极值的方法解决了光在折射过程中的传播路径问题，而且他认为，光在密度大的介质中的传播速度一定低于在密度小的介质中的传播速度，这和后来惠更斯的光波动理论得出的结果一样。

费马像

在费马的极值思想图中，他假设 AB 以上为光疏媒质，光速为 v_i；AB 以下为光密媒质，光速为 v_r，可求出光从 C 点传播到 O 点，再折射到 D 点所需要的时间 t。

$$t = \frac{CO}{v_i} + \frac{OD}{v_r}$$

设 $AO = x$，$AB = e$，则

$$t = \frac{\sqrt{CA^2 + x^2}}{v_i} + \frac{\sqrt{BD^2 + (e-x)^2}}{v_r}$$

通过求极值的方法，令 $\dfrac{\mathrm{d}t}{\mathrm{d}x} = 0$，就可以推出折射定律

$$\frac{\sin i}{\sin \gamma} = \frac{v_i}{v_r}$$

式中：i 是入射角；γ 是折射角。

费马在推导折射定律的过程中虽然并没有明确指出要求光传播的时间最短，但从他提出的求最小值的数学方法中可以看出，这个推导过程隐含了时间最短的本质。这种极值思想就是"费马原理"。经过后人的发展，这种极值思想在物理学和数学中都发挥了重要作用。

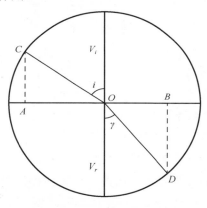

费马的极值思想

光的折射定律的建立是光学发展史中的一件大事。它的研究基于天文学的迫切要求及光学仪器制造的需求。因此，到了 17 世纪，许多物理学家都致力于研究光的折射现象，几何光学理论得到快速的发展。

3．光色散现象的研究

光的色散也是光学研究中一个古老的课题，它指的是当光在介质中传播时，折射率会随频率变化的现象。色散作用可以将白光分解为各种色彩的单色光，最引人注目的当属彩虹现象。

亚里士多德曾经尝试解释彩虹现象。他提出，彩虹实际上是云层中阳光的一种不同寻常的反射。当光以固定角度反射时，产生圆锥形的"彩虹射线"。他认为彩虹不是在天空中具有确定位置的实物，而是一组相同方向的光线，沿该方向强烈地散射到观察者的眼睛中。

在亚里士多德的猜想之后，经过了大约 17 个世纪，彩虹理论才取得进一步的重大进展。1304 年，德国传教士西奥多里克（Theodoric Freiberg）在实验中用太阳光照射装满水的大玻璃球壳来模仿彩虹。他认为彩虹是由于空气中水珠反射和折射阳光造成的。不过，他认为颜色的产生是由于光受到不同的阻滞所引起的。

在近代，笛卡儿较早进行了色散现象的研究。他模拟了雨滴受阳光照射而形成彩虹的实验，随后又用三棱镜做了实验，发现彩色的产生并不是由于进入媒质深浅不同所造成的，但是他未能做出进一步的分析。

到了 17 世纪，望远镜、显微镜等光学仪器问世。然而，当放大倍数增加时，这些仪器图像的边缘总会出现颜色。此时，人们也已经知道太阳光经过棱镜之后会产生色带，但都认为是棱镜产生了颜色。那么，这些颜色的产生和彩虹的成因是不是有关联呢？在牛顿之前，没有人对这个问题做出过正确的解释。

牛顿在剑桥大学学习期间，在巴罗教授的影响下，开始进行光学实验，还亲自动手磨制透镜，想自己设计出没有色差的望远镜和显微镜。在回家乡躲避瘟疫时，他带回了很多实验器材，尤其是玻璃棱镜、凸透镜、凹透镜等。他对光和颜色的本性进行了深入的探讨，并逐渐意识到，不同颜色的光应该具有不同的折射性能。受到笛卡儿实验的启发，1666 年，他磨制了一块三棱镜，完成了美丽的棱镜分光实验。他在送交皇家学会的信中报告说："我在 1666 年年初做了一个三角形的玻璃棱镜，以便试验那著名的颜色现象。为此，我弄暗我的房间，在窗板上开了一个小孔，让适度的太阳光进入房内，然后我把棱镜置于光的入口处，使光由此折射到对面的墙上，我看到那里产生的那些鲜艳、浓烈的颜色，颇感兴趣。"

1671 年，他把自己的工作加以总结，并于 1672 年 2 月，在《哲学杂志》上发表了论文《关于光和色的新理论》。在这篇文章中，牛顿给出了关于光的性质和颜色成因的 13 条结论，主要内容包括：①光线随其折射率不同，颜色不同，颜色是光线的固有属性；②颜色的种类和折射的程度是光线固有的，不会因折射、反射或其他任何原因而改变；③必须区分两类颜色，一类是原始的、单纯的色，另一类是由原始色复合而成的色；④没有本身是白色的光线，白色是由各种原始色的光线按比例混合而成的；⑤根据日光经过棱镜折射后产生颜色的原理，可以解释彩虹的形成；⑥自然物体的色是由于对某种光的反射大于其他光反射的缘故。

为了证明色散现象不是由于棱镜与阳光的相互作用引起的，牛顿设计了一个"判决性实验"。他拿出三个完全相同的棱镜，但是放置方式不同。结果发现，棱镜的作用既可以使白光分解为不同的成分，又可以使不同成分的光合成为白光。

1704 年，牛顿的《光学》一书问世。在这本书中，牛顿对自己的研究成果进行了系统的总结。书的内容分为以下三篇：

第一篇的第一部分首先给出了关于光线、折射性、反射性、入射角、折射角、反射角、单色和复合色的 8 个定义，给出了反射定律和折射定律等 8 个公理，然后用 16 个实验证明了 8 个关于光的折射、色散和望远镜性质等方面的命题。第二部分结合实验分析并证明了关于颜色与折射的关系、单色光与复合光的性质，以及用光的性质解释棱镜的颜色、彩虹的颜色、物体的颜色等 11 个命题，比较充分地说明了光色散的本质和颜色的性质。

第二篇结合实验观察讨论了薄的透明物体对光的反射、折射等现象，描述了著名的牛顿环实验。

第三篇先描述了牛顿自己对一些颜色现象的观察，然后提出 31 个疑问，其中反映了牛顿对光的本质的看法——光是一种微小的物质粒子。

有人这样评价牛顿：光凭牛顿在光学方面取得的成就，就可以称得上是一位伟大的科学家。他关于光的颜色性质的研究，不仅为提高光学仪器的性能指出了方向，而且为 100 多年后光谱学的研究奠定了基础。他发现了牛顿环，还对光的振动理论进行了研究。因此，他的工作对推动光学的发展至关重要。

4.2　光本质的认识和光波动理论的发展

进入 17 世纪以后，光学作为一门学科开始逐步建立和发展起来。在这一时期，科学家所研究的问题中，关于光的本质的认识，最让人困惑。几百年来，以牛顿为代表的微粒说和以惠更斯为代表的波动说一直处于论战之中。这场争论持续到 20 世纪初期，直到爱因斯坦把光的微粒说和波动说统一起来，提出光的波粒二象性，光的本质问题才为世人所公认。

1672 年 2 月，牛顿从原子论物质观出发，在论文《关于光和色的新理论》中提出了光的粒子性。这个观点和胡克的波动思想相冲突，由此点燃了关于光本质问题大论战的导火索。1704 年，牛顿在《光学》中进一步指明："光是一种细微的大小不同的而又迅速运动的粒子。"他根据光的直线传播性质，认为光是物质微粒，并且用微粒的概念解释了光的直线传播、反射、折射及色散。随后，他在研究牛顿环时认识到周期性，从而把微粒说和以太振动结合在了一起。借助牛顿的巨大声望，而且契合了当时的哲学观点，在整个 18 世纪，光的微粒说都处于主导地位。

从物理学发展史上看，最早提出波动思想的是笛卡儿。他在 1637 年出版的《屈光学》中用以太中压力的传递来说明光的传播过程。虽然他并没有创立完整的波动理论，但他的思想为波动说的创立奠定了基础。

明确提倡光的波动说的是意大利的格里马第（F. Grimaldi，1618—1663）。他通过实验发现，光通过小孔后在屏幕上产生的影子比直线传播预计产生的影子宽，由此，他设想光是一种能够进行波浪运动的精细流体。

胡克和惠更斯是波动说的主要创建者和捍卫者。胡克认为发光体所发出的光在均匀介质中向四周传播，并用波动说解释了薄膜色彩的成因。惠更斯发展了胡克的波动思想，提出光是发光体中微小粒子的振动在以太中的传播现象。他给出了光速有限的结论，惠更斯原理更明确地论证了光是一种波动，还可以用来解释波的衍射。

从笛卡儿、胡克到惠更斯，他们提出的波动说建立在试图对已经出现的实验现象做出假设或提出原理的基础之上，这些假设和原理从理论上提出了光的波动说，为波动说的形成和发展奠定了一定的理论基础，但它们终究无法对波动说提供强有力的理论支撑。第一，从定性物理解释的角度上看，它们没有提出只能用光的波动性解释而不能用光的微粒说解释的重要光学特征；第二，从定量数学表示的角度上看，它们没有找到由于光的波动性而呈现的光的干涉和衍射结果的数学表达式。波动说面临困境。直到 100 年之后，才出现了支持波动说的强有力的实验证据，这就是 1803 年由托马斯·杨所设计的双缝干涉实验。

惠更斯像

托马斯·杨（Thomas Young，1773—1829），1773 年 6 月 13 日出生于英国米尔沃顿，出生时正值知识革命的尾声。他从小就显露出非凡的才能和惊人的记忆力，2 岁时就能流利地进行阅读，9 岁时已经能够自制一些简单的物理仪器，14 岁时通过自学掌握了牛顿的微分法，16 岁时通晓了拉丁文和希腊文，还掌握了其他 8 种古典和现代语言，18 岁时公认为有造诣的学者。

1792 年，19 岁的托马斯·杨决定学医，由于眼睛的视觉与颜色有关，所以他对光学研究很感兴趣。1798 年，他对光学和声学进行了一些研究，为他的干涉理论奠定了基础。1801—1804 年，托马斯·杨担任了英国皇家学院的教授，讲授数学物理方程。在这几年中，他完成了对干涉现象的实验研究工作。1801 年，托马斯·杨在贝克尔讲座时宣读了论文《光和色的理论》，提出了"干涉"的概念，并对干涉原理进行了详细叙述："凡是同一光线的两部分沿不同路径行进，而且方向准确地或接近于平行，那么当光线的路程差等于波长的整数倍时，光线互相加强，而在相干部分的中间态上，光线为最强；波长对各种不同颜色的光是各不相同的。"

托马斯·杨做了一个精彩的实验：让一束狭窄的光束穿过两个十分靠近的狭缝，投射到一个屏上，屏上出现了一系列明暗相间的条纹。这是证明光具有波动性的第一个实验——杨氏双缝干涉实验。如果按照光的微粒说思想，两束光在屏上重叠的部分就亮一些，不重叠的部分就暗一些，是无法解释干涉条纹产生的物理机制的。

1803 年，在另一篇题为《关于物理光学的实验和计算》的报告中，托马斯·杨进一步阐述了干涉原理，并试图解释光的衍射现象。他在文中还阐述了他所发现的紫外光的干涉现象及一个重要的新结论："光从更密的媒质反射时，它的波程改变半个波长（半波损失）"，这个结论也在实验上得到了证实。他还把干涉原理应用到牛顿环上，成为近似地测出光波长的第一人。但是他和惠更斯一样，认为光是一种纵波。托马斯·杨关于光理论的研究成果，发表在 1807 年出版的《自然哲学和力学技术》两卷本之中。

面对牛顿的权威，托马斯·杨重新提出波动说需要很大的勇气。尽管当时大部分人接受的是微粒说的观点，但杨氏双缝干涉实验在验证光的波动性方面所起的作用确实非同一般。这个实验体现了相干思想的形成，相干思想成为波动思想的一个重要体现。德国物理学家劳厄（Max Theodor Felix Von Laue，1879—1960）认为："同微粒组成的光束相反，光波相遇时，不一定加强，有时却可以相互减弱甚至相互抵消，这种干涉观念从那时以来一直是物理学中最有价值的财富之一。当对辐射的性质有所怀疑时，人们就尝试产生干涉现象，只要实现了，那么波动性也就被证明了。"因此，从光学的发展史上看，杨氏双缝干涉实验是判定光的波动性的一个关键性的实验。

托马斯·杨提出的干涉原理，刚开始并未引起什么反响，相反，一些权威学者甚至围攻干涉理论，认为它是荒唐的、不合逻辑的。直到十几年后，法国工程师、物理学家菲涅耳（Augustin Jean Fresnel，1788—1827）提出了无可辩驳的证据时，光的波动说才得到人们的承认。

托马斯·杨像

　　菲涅耳大约从 1814 年开始进行光学研究。借助于一些简单的仪器，他对出现在不透明物体几何阴影中的干涉条纹进行了第一次测量工作，并于 1815 年向法国科学院提交研究成果《论光的衍射》，这是合理解释衍射现象的理论开端。当时菲涅耳对衍射现象的理解并不是很透彻，在了解了托马斯·杨的实验之后，他悟出了干涉效应的产生是波阵面相关部分的相互作用造成的。根据惠更斯的子波假设，菲涅耳以子波相干叠加的思想对惠更斯原理进行了补充。补充后的原理就是著名的"惠更斯-菲涅耳原理"。此时，菲涅耳根据波动说对衍射现象的解释已经非常清楚，衍射就是波阵面上连续的无穷多的子波发出的相干光干涉叠加的过程。因此，菲涅耳的衍射理论体现了相干思想的进一步发展。

　　1817 年 3 月，法国科学院决定把衍射理论研究作为 1819 年数理科学学部的悬赏问题，本意是鼓励人们用微粒说解释衍射现象。显然，这是为巩固微粒说的地位而设置的。当时，包括拉普拉斯、毕奥、泊松等有影响的物理学家在内的很多人都是微粒说的拥护者。菲涅耳的衍射理论，使牛顿的纯力学体系出现严重裂痕，因此遭到了不少反对。泊松对菲涅耳的理论进行了批评，他认为，如果菲涅耳的理论是正确的，把一个圆盘放置于光束中时，圆盘阴影区中央应该是一个亮点。根据微粒说，这"当然是不可能的"。他要求菲涅耳进行实验验证，并预言实验一定会失败，由此就可以推翻波动说。菲涅耳认为，根据自己的理论，的确应该得到这种现象，于是便在实验中寻找这一效应，居然取得了成功，阴影区的中央果然出现了一个亮点。后人戏剧性地称这个亮点为"泊松亮点"。最终，菲涅耳向法国科学院提交的论文获得了第一名，评选委员会的全体成员，包括原先支持微粒说的拉普拉斯、毕奥和泊松，都投了赞成票。从那之后，光的波动说击败了微粒说，光学研究找到了一条新的前进道路。

菲涅耳像

1809 年，法国工程师马吕斯（Etienne Louis Malus，1775—1812）发现了光的偏振性，这个发现击中了纵波理论的要害，对波动说的发展很不利。对于这个问题，1816 年，菲涅耳和阿拉果一起研究了偏振光的干涉，但是在用纵波理论进行解释时遇到了困难。托马斯·杨听说之后，不但没有动摇自己的"波动说"科学信念，反而提出横波的想法。阿拉果认为横波的概念不符合力学道理，所以没有采纳。但菲涅耳听说之后却获得启发，大胆采用横波思想来解释偏振光的干涉现象，并最终获得了成功。

阿拉果像

1823 年，菲涅耳被选为法国科学院院士，1825 年被选为英国皇家学会会员，1827 年获得英国皇家学会授予的伦福德勋章，菲涅耳也被称为"物理光学的缔造者"。获得奖章后仅仅几个月，菲涅耳就因患肺结核病逝世，年仅 39 岁。他的人生虽然只有短短的 39 年，但研究光学的原理和实验是菲涅耳的一大乐趣，他在写给托马斯·杨的信中说："……每当我发现一种正确的理论，或用实验证实了某个预言时，我就会感到极大的愉快，即便是阿拉果、拉普拉斯和毕奥对我的全部赞誉也无法与之相比。"

4.3　光谱的研究

1. 早期研究

光谱的研究也是光学发展史中举足轻重的一笔。17 世纪后期，牛顿的色散实验为光谱学的研究奠定了基础。不过牛顿当时并没有观察到光谱线，因为他没有用狭缝，而是采用圆孔做光阑，因而失去了发现光谱的机会。此后，光谱学发展缓慢。

大约百年之后，1749 年，英国的梅耳维尔（Thomas Melvill，1726—1753）用棱镜观察了多种材料的火焰光谱，包括纳光谱的黄线。1800 年，英国天文学家赫歇尔（Friedrich Wilhelm Herschel，1738—1822）在测量太阳光谱热效应的实验中发现：光波向红光方向移动则温度升高，在红端以外区域仍具有热效应，从而发现了红外线。1801 年，德国化学家、物理学家里特（Johann Wilhelm Riter，1776—1810）在研究光谱的不同部分对氯化银的作用时发现：光波向紫光方向移动则化学活性增加，在紫端以外区域，仍存在着一种不可见射线使氯化银变黑，从而发现了紫外线。1802 年，英国化学家、物理学家沃拉斯顿（William Hyde Wollaston，1766—1828）观察到太阳光谱的不连续性，发现中间有很多黑线。1803 年，托马斯·杨应用干涉原理，成为第一个提供测定光谱波长方法的人。

1814 年，德国物理学家夫琅和费（Joseph von Fraunhofer，1787—1826）发明了分光仪，并研究了太阳光谱，发现了 574 条黑线，这些线被称作夫琅和费线。1815 年，他向慕尼黑科学院展示了自己绘制的太阳光谱图，并对其中的 8 条黑线用字母 A 至 H 进行标注，还测量了 D 线的波长。1821 年，他发表了平行光通过单缝衍射的研究结果（夫琅和费单缝衍射），做了光谱分辨率的实验，并第一个定量地研究了衍射光栅，用其测量了光的波长，此后又给出了光栅方程。

夫琅和费绘制的太阳光谱图

　　夫琅和费集工艺家和理论家的才干于一身,把理论与丰富的实践经验结合起来,自行设计制造了许多光学仪器,如消色差透镜、大型折射望远镜、衍射光栅等,这些仪器在当时的物理界都是非常了不起的成果。因此,他被认为是光谱学的奠基者之一,光谱性质的研究也越来越受到人们的重视。

夫琅和费演示分光仪

　　1859 年,德国物理学家基尔霍夫(Gustav Robert Kirchhoff,1824—1887)和本生(Robert Wilhelm Bunsen,1811—1899)发明了棱镜光谱仪,建立了光谱分析法,并采用这种方法在分析碱金属光谱时发现了新元素铯和铷。随后,其他科学家纷纷效仿,陆续用光谱分析法发现了新的化学元素。

　　为了避免光谱分析时波长标准的混乱,1868 年,光谱学的创始人之一、瑞典物理学家埃格斯特朗(Anders Jonas Ångström,1814—1874)编制了详细的"标准太阳光谱",其中记载了上千条夫琅和费线的波长,以 10^{-8}cm 为单位,精确到 6 位数字。这一成果极大地方便了光谱分析,为了纪念他的贡献,后人把 10^{-8}cm 命名为"埃格斯特朗",简称"埃"。

埃格斯特朗像

2. 氢原子光谱的研究

1868 年，埃格斯特朗首先从气体放电的光谱中找到了氢的红线。后来，他又发现了另外几条可见光区域内的氢原子光谱线，并测量了波长。1880 年，英国天文学家赫金斯（William Huggins，1824—1910）和德国天文学家沃格尔（Hermann Carl Vogel，1842—1907）成功拍摄了恒星的光谱，发现其中几根氢光谱线可以在紫外区组成一个具有鲜明阶梯形结构的谱线系。19 世纪 30 年代，人们对许多发光气体和蒸汽的光谱线进行了精确的测量和记载，如何整理观测资料，找出其中的规律迫在眉睫。然而，当时的物理学家受到机械决定论的影响，将光谱线类比于声学谐音，企图用力学中的振动思想来说明光谱线的成因，却始终没有成功。

在光谱规律研究上首先打开突破口的是瑞士数学家和物理学家巴耳末（Johann Jakob Balmer，1825—1898），当时他是瑞士一所女子中学的数学教师。由于氢原子光谱的规律相比于其他原子最为简单，他受到巴塞尔大学一位对光谱很有研究的物理教授哈根拜希（E. Hagenbach）的鼓励，试图找出氢光谱的规律。巴耳末发现，在接近紫外光的区域，有许多条排列越来越密的新谱线，而且它们趋于一个极限值——3645.7 Å 。氢谱线的波长可以以这个值为共同因子，用简单的公式表示出来。经过不断的尝试和努力，1884 年，他将自己的研究成果提交给巴塞尔科学学会。1885 年，他在《物理与化学年鉴》上发表论文《论氢光谱系》，介绍了自己发现的结果：氢光谱在可见光波段的一组谱线可以用一个关系式来表示，这就是巴耳末公式。

此后，光谱规律不断被揭示，一门新的系统的科学——原子光谱形成了。为了纪念巴耳末，后人将他研究的这一组谱线系称为"巴耳末系"。

巴耳末还认识到，光谱发自物质内部，必定与物质结构有关。他在手稿中写道："我不敢对这个公式的物理意义发表意见，但看起来似乎这个领域的最终目标是要探求物质内部的最深本质。""氢是目前已知物质中原子量最小的……看起来注定要靠它来打开研究物质本质的道路。"因此，巴耳末公式不仅为研究光谱的规律性奠定了重要基础，还为研究原子内部结构打开了一扇门。1913 年，玻尔建立氢原子理论，就是受到了巴耳末公式的启发。

巴耳末像

瑞典物理学家里德堡（Johannes Robert Rydberg，1854—1919）也是光谱学的奠基人之一。他一生致力于光谱方面的研究，对前人在原子光谱方面的实验进行了细致的分析和理论总结。他也曾对原子结构进行探索，并取得了重要成果。19 世纪 70 年代，有人用波长的倒数也就是波数来代替波长表示谱线，里德堡受到了启发。他收集了大量元素的光谱资料，总结出了这些化学元素光谱线的规律。1890 年，他在《哲学杂志》上发表论文《论化学元素线光谱的结构》，文章列举了大量的光谱线数据，总结出了光谱的各项谱系是相继整数的函数，这就是里德堡公式。里德堡并不知道巴耳末公式，他是用自己的方式独立地对光谱线进行研究的。直到 1890 年，他才了解到巴耳末的工作。他将巴耳末公式用波数表示，发现这正是自己所得公式的一个特例。因此，和巴耳末公式相比，里德堡公式的物理含义更加深刻，应用范围也更加广泛。

1908 年，瑞士物理学家里兹（Walther Ritz，1878—1909）在进行谱系整理研究的基础上提出了并合原理，把谱线表示为两个光谱项之差。

然而，这些光谱规律的研究结果都是经验性规律。对光谱的成因做出理论解释，揭示光谱和物质结构之间的联系，直到 20 世纪初期，量子力学建立之后，才逐渐被解决。

4.4　光速的测定

光速是基本物理常数之一，它与光源的速度无关，与参考系的选取也无关，无论是在电磁学领域还是在相对论当中，它都发挥着极为重要的作用。例如，麦克斯韦在研究电磁场理论时，他从理论中推出电磁波的速度就是光速，这是证明光就是电磁波的一个有力证据；爱因斯坦正是从光速不变的基本原理出发，提出了狭义相对论。但由于光速的数值非常大，测定光速并不是件容易的事情，先后耗费了几代物理学家的心血。

最早试图在地面上测定光速的人是伽利略，因为伽利略认为，光速肯定是有限大的。为了验证这一点，他设计了一个在地面上用两个山头间灯光闪亮的办法测定光速的实验。他让两位助手在夜间各拿一盏灯，站在相距很远的山头上，甲先开灯，乙看到甲灯亮后立即开灯，光再从乙传到甲处，记录时间间隔。此时，光刚好在山间往返一次，即可求出光速。当时，两个山头之间的距离是 1.6km，但是光速太大，实验者根本无法区分两人开灯的先后顺序，更来不及记录时间，即便是加长距离，改用望远镜观察，也没有奏效。

此法不成，伽利略又提出用天文学方法来测定光速。丹麦天文学家罗默（Ole Christensen Romer，1644—1710）依照这个思路，通过定期观测木星卫星的运动，首次用天文学方法测量到光速是一个很大但有限的数值。木卫一是木星的一颗卫星，绕木星旋转一周的时间约 42 小时 28 分 16 秒，因此在地球上看到该卫星被木星遮掩的时间间隔也应是 42 小时 28 分 16 秒。但是，罗默经过两次观测发现，时间间隔并不一样。经过仔细推算，他证明这是由于两次观测木星与地球的距离不一样造成的。因此，如果用两次木卫蚀的时间差除以两次木星与地球的距离差，即可求得光速。1676 年 9 月，他宣布，光速的推算结果为 2.14×10^8 m/s。

伽利略实验的失败表明，在地面上测定光速，实验的技术关键是如何测出光传播所需的时间。要想测出时间，就需要对实验仪器和测量方法进行改进。19 世纪，科学与技术大力发展，这也使得地面上测定光速变为可能。1849 年，法国物理学家斐索（Armand Hippolyte Louis Fizeau，1819—1896）设计了旋转齿轮法并测得了光速，成为地面上用实验方法测得光速的第一位实验者：光自狭缝状光源 S 出发，经过透镜 L_0 和分光平板 M_1，会聚于 F 点。在 F 点所在的平面内，有一个旋转速度可变的齿轮 W。当通过齿隙的光经过透镜 L_1 后成为平行光，透镜 L_2 将此平行光会聚在焦点处的凹面反射镜 M_2 上，光被反射镜 M_2 沿原路反射回来。如果在光由 F 点到 M_2 的一个往返的时间间隔 Δt 内，齿轮所旋转的角度正好使齿隙被齿所代替，则由 M_2 返回的光受阻，在透镜 L_3 后 E 点处看不见光；反之，如果齿隙被另一齿隙所代替，则在 E 点处能看见由 M_2 反回来的光。这样就可以根据齿轮转速计算出光速。斐索收集了 28 次实验的数据，得到光速的平均值为 3.15×10^8 m/s。

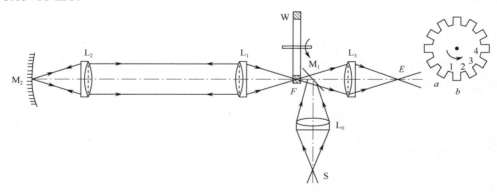

斐索旋转齿轮法草图

1850 年，斐索早年的合作者、法国物理学家傅科（Jean-Bernard-Léon Foucault，1819—1868）设计了旋转镜法，在实验室中比较了水中和空气中的光速。他发现水中的光速较慢，从而验证了惠更斯根据光的波动说所做的预见。1862 年，在改进了实验装置之后，傅科直接测量了空气中的光速，结果为 2.99×10^8 m/s。

1879 年，美国物理学家迈克耳孙（Albert Abraham Michelson，1852—1931）

将傅科的旋转镜装置进行了改进，测得光速为 $2.999\ 10\times10^{8}$m/s。1926 年，他又将旋转镜法改进为旋转棱镜法，测得光速为 $2.997\ 96\times10^{8}$m/s。

此后，对光速的测定工作一直在持续，测量的结果也越来越精确，特别是用激光器进行测量之后，光速已经成为最精确的基本常数之一。今天，光速的国际标准值为 $2.997\ 924\ 58\times10^{8}$m/s。

光速测定结果越来越精确，不仅反映了科学技术的进步，还反映了实验指导思想的进步。从伽利略到罗默，从斐索到迈克耳孙，我们可以看到他们设计思想的演变。从对实验装置的应用到对实验步骤的安排，不仅需要把握住最基本的设计思路，还需要认真分析实验对象的特点。勇敢采用独特、新颖的设计思想往往是获得成功的关键。

第二篇　物理学新革命的爆发

19世纪末，经典物理学获得了全面的发展，其理论体系包括以牛顿三大定律和万有引力定律为基础的经典力学，以麦克斯韦方程组为基础的电磁场理论，以热力学三定律为基础的宏观理论，以及气体动理论和统计力学所描述的微观理论。经典物理学的建立过程充分体现了物理学的发展与社会的生产实践及科学实验之间的紧密关联。经典物理学是从明确的物理思想出发，进行数学推证，选取典型实验，通过数学与实验相结合的方式得出结论，最主要的科学研究方法是归纳法和演绎法。

19世纪末到20世纪初，一系列的实验新发现孕育了一场激烈的科学革命。这场革命以物理学革命为首，以极快的速度渗入物理学各种最基本的思想和原理之中，剧烈地动摇了经典物理学中的时空观、物质观、测量观和因果观，相当深刻地改变了物理学中的基本思想。与此同时，物理学的研究进入高速和微观领域，相对论和量子力学逐步建立起来，并成为现代物理学的两大支柱。

第 5 章　19、20 世纪之交的实验新发现和物理学革命

经典物理学经过三百多年的发展，到 19 世纪末已经有了完整的体系，在应用的推广上也硕果累累，物理学家们都在纷纷庆贺物理大厦的落成。然而，正所谓"江山代有才人出，各领风骚数百年"。19 世纪末到 20 世纪初，物理学上的新发现层出不穷，甚至比 18～19 世纪中叶间的发现更多。从这些新出现的科学实验中，发现了许多经典物理学无法解释的实验事实，甚至有些实验的新发现与经典物理学的一系列基本概念、基本原理、基本思想之间产生了尖锐的矛盾。这都预示着物理学的发展将要步入一个新阶段。

5.1　世纪之交的三大实验新发现

在 19、20 世纪之交的一系列实验新发现中，有三项成就尤其引人瞩目：电子的发现、X 射线的发现和放射现象的发现。

1. 电子的发现

电子的发现起源于对阴极射线的研究，而阴极射线的发现是从对气体放电现象的研究开始的。

早在 1836 年，法拉第就发现了低压气体中的放电现象，并将其称为"辉光放电"。1858 年，德国一位玻璃技师盖斯勒（Heinrich Geissler，1815—1879）制成了低压气体放电管——盖斯勒管，为人们进一步研究低压气体中放电现象的本质创造了条件。1859 年，德国物理学家普吕克尔（Julius Plücker，1801—1868）利用盖斯勒管研究气体放电时看到了正对着阴极的玻璃管壁上产生出绿色的辉光。1871 年，德国的哥尔兹坦（Eugen Goldstein，1850—1930）发现，玻璃管壁上的辉光是由阴极产生的某种射线所引起的，这种射线与阴极所用的材料无关，他把这种射线命名为阴极射线。1875 年，克鲁克斯（William Crookes，1832—1919）经过几年的实验，给出了阴极射线是由带电粒子组成的结论。但普吕克尔、哥尔兹坦、赫兹等人却认为阴极射线是一种电磁波，他们也通过实验来支持自己的观

点。这场争论持续了 20 年，直到 1895 年法国物理学家佩兰（Jean Baptiste Perrin，1870—1942）将圆桶电极安装在阴极射线管中，用静电计测圆桶接收到的电荷，结果为负电。至此，阴极射线的"微粒说"占据主导地位。但这些粒子到底是什么呢？

1897 年，英国物理学家约瑟夫·约翰·汤姆生（Joseph John Thomson，1856—1940）测量了"微粒"的荷质比，从而发现了阴极射线的本质。他把这种"微粒"命名为电子。

汤姆生出生于英国曼彻斯特，父亲是一位著名书商。由于父亲职业的关系，汤姆生从小受到学者的影响，14 岁就进入曼彻斯特大学学习。1876 年，他进入剑桥大学三一学院深造，1880 年参加学位考试，以第二名的优异成绩取得学位；1884 年，在瑞利的推荐下继任剑桥大学卡文迪许实验室主任。发现电子之后，汤姆生一跃成为国际知名物理学家，1905 年被任命为英国皇家学院教授，1906 年获诺贝尔物理学奖，1916 年任皇家学会主席，1919 年被选为科学院外籍委员会首脑。汤姆生一生都兢兢业业，不断攀登科学高峰。他担任卡文迪许实验室主任的 34 年间，培养了卢瑟福、玻尔、威尔逊等多位优秀学生，其中 9 人获得过诺贝尔奖。

汤姆生像

19 世纪中叶，汤姆生对气体放电问题产生了兴趣。1895 年，汤姆生将佩兰的实验装置做了一些改进。他利用硫化锌闪光来显示阴极射线的路径，并把阴极和圆桶电极放在不同的直线上。他发现，在一般情况下，阴极射线沿直线前进。但在射线管外加上电场或者磁场之后，阴极射线就会发生偏折。根据射线偏折的方向，很容易判定出射线带负电。1897 年，他得出结论：阴极射线是带负电的物质粒子。

要判定到底是什么粒子，还需要更精细的实验。由于当时人们还不知道比原子更小的粒子，因此汤姆生假定这是一种被电离的原子，是带负电的"离子"。基于这样的思想，他设计了一个简单又巧妙的实验来测定这种粒子的荷质比：对射线同时施加电场和磁场，并调节电场和磁场的大小，当电场和磁场造成的粒子偏折相互抵消时，粒子做直线运动。这样，根据电场和磁场的大小就可以算出粒子运动的速度。然后再单独加磁场或者电场，通过实验数据就能够计算出粒子的荷质比。他发现，荷质比与气体的性质无关，而且这种粒子的质量只有氢原子质量的 1/2000。至此，汤姆生的实验证实了一种比原子更小的粒子的存在，这打破了原子不可分的传统观念。1897 年 4 月 30 日，汤姆生在英国皇家学院做了"阴极射线"的报告，正式宣布发现了阴极射线的本质。1899 年，汤姆生正式将其命名为"电子"。

就这样，电子被发现了，并且被证实是物质更基本的组成部分，这是人类发现的第一个基本粒子，在物理学发展过程中具有非常重大的意义。

2．X 射线的发现

X 射线（伦琴射线）是由德国物理学家、德国维尔芝堡大学的教授威廉·康拉德·伦琴（Wilhelm Konrad Röntgen，1845—1923）发现的。它的发现同样起源于对阴极射线的研究。

1895 年 11 月 8 日晚，伦琴在研究克鲁克斯管的放电过程。他用黑的厚纸板把阴极射线管子包起来，再连到高压感应线圈的电极上。他关闭了所有门窗，想在暗房里看看这支管子是否漏光。当他接通电源时，意外地发现 1m 以外的桌面上有闪烁的微光。起初他怀疑是黑纸没有包好，仔细检查之后再次接通电源，没想到微光又出现了。伦琴划了根火柴一看究竟，竟然发现微光是工作台不远处的荧光屏发出的。他把荧光屏挪到距克鲁克斯管 2m 远处，依然能看到荧光屏的闪光。伦琴马上意识到，这绝不是阴极射线，因为阴极射线只能在空气中行进几厘米远，根本没有这么强的穿透力。

伦琴像

经过反复实验，伦琴断定这是一种新射线！他发现，这种射线穿透力极强，除了金属铅、铂，他在实验中用来阻挡的物质都能被它穿透。他还看到自己的手在荧光屏上竟是一副骨骼图像，这就是世界上第一张 X 射线的照片。伦琴将这种具有神奇力量的射线命名为"X 光"。

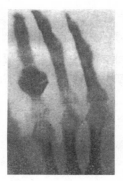

伦琴的手骨照片

此后的几个星期，伦琴都在实验室研究这种射线，想进一步了解它的本质。1895 年 12 月 28 日，他向维尔茨堡物理医学学会提交了论文《一种新的射线·初步报告》，文中记述了产生 X 射线的实验装置，并初步说明了 X 射线非凡的穿透力。这篇论文在 3 个月内就重印了 5 次，第五版同时用英、法、意、俄等文印出。1896 年 3 月和 1897 年 3 月，他又接连提交了两篇论文《一种新的射线·续》和《关于 X 射线的第三次报告》，并制成了第一个 X 射线管。但由于当时的"电磁以太"学说正占据统治地位，伦琴误认为 X 射线是以太中的纵波。

X 射线在医疗、研究物质结构等方面都有很高的应用价值，因此它的发现是一项非常了不起的成就。为了表彰伦琴的杰出贡献，1901 年 11 月 12 日，瑞典皇家科学院授予伦琴诺贝尔物理学奖。伦琴成为第一个诺贝尔物理学奖的获得者。

虽然，伦琴发现 X 射线是有一定的偶然性，也许有人认为幸运是主要因素，但其实还是因为伦琴是一个严谨的实验科学家，而且有巨大的勇气和自制力。他在长期的科研工作中培养出了对科学的认真态度和敏锐的观察能力。正如柏林科学院在致伦琴的贺词中说的："他是一位摆脱了一切成见的、把完善的实验艺术同最高的科学诚意和注意力结合起来的研究者，应当得到做出这一伟大发现的幸福。"

3. 放射现象的发现

X 射线被发现的消息传到法国后不久，法国物理学家安东尼·亨利·贝克勒尔（Antoine Henri Becquerel，1852—1908）在研究天然物体是否也能产生 X 光的过程中，发现铀盐也能发射一种射线。

贝克勒尔像

　　贝克勒尔于 1852 年 12 月 15 日出生在巴黎，其祖父和父亲都是固体磷光方面的专家。贝克勒尔自幼就受到科学的熏陶，刻苦好学，对科学的探索始终保持着进取精神。1892 年，他继承祖父和父亲的事业，主持巴黎自然历史博物馆的应用物理学讲座。1895 年，他被任命为巴黎综合工艺学校的教授。

　　1896 年 1 月，法国著名数学家和哲学家彭加勒（Henri Poincaré，1854—1912）在关于 X 射线的报告中提出："是否大多数的荧光物质在太阳光的照射下都能放出类似于 X 射线那样的射线？"这个问题引起了贝克勒尔的强烈关注，并着手通过实验来进行验证。他利用各种不同的荧光物质进行多次试验，终于证明了铀盐具有预期效应。他得出结论：铀盐可以在太阳光的作用下放出射线，这种射线能够穿过黑纸，使底片感光。1896 年 2 月 24 日，他向法国科学院提交了报告。

　　此后，他并没有就此终止实验，仍然继续研究。也正是因为如此，他又获得了一份出乎意料的收获。提交报告后的几天，由于连续阴雨，不见阳光，贝克勒尔不得不把实验用品锁进了抽屉，准备等天气放晴后再进行实验。3 月 1 日，天气转晴，他冲印了一张底片，原本是想检查底片是否变质，结果却让他大吃一惊。他发现底片竟然已经被铀盐感光了，而且阴影十分强烈。经过深入思考之后，他得出了新的结论：铀盐即使不受太阳光照射也能发出射线。

　　1896 年 5 月 18 日，贝克勒尔向法国科学院提交报告，提出铀盐发出的射线来源于铀的天然放射性，和 X 射线有本质的区别。这是一种拥有巨大意义的自然现象，它的发现标志着原子核物理学的开端。因此，他和居里夫妇共同获得了 1903 年的诺贝尔物理学奖。

　　令人遗憾的是，在放射性发现的初期，人们对它的危害一无所知。贝克勒尔长期在毫无防护的状态下进行放射性研究，致使身体受到严重伤害。但即使身体每况愈下，他仍然不愿意离开实验室。1908 年 8 月 25 日，由于病情恶化，贝克勒尔逝世于克罗西克，成为第一位被放射性物质夺去生命的科学家。但贝克勒尔为科学献身的精神却鼓舞着后辈科学家们不断前行。

5.2　不向命运低头的居里夫人

在近代科学史上，居里夫人的名字可谓是家喻户晓，她是世界上第一位两度荣获诺贝尔奖的科学家；她是巴黎大学的第一位女教授、法国科学院第一位女院士；她一生中共获 7 个国家 26 项奖金和奖章；她获得了 25 个国家的科学团体荣誉称号。纵观她的一生可以发现，她的高尚品格更让世人敬仰：在学习上，无论在任何艰难的环境和条件下，她始终保持强烈的求知欲和勤奋刻苦的精神；在科研上，她把科学造福人类作为自己的天职，为达到目标，她具有战胜一切困难的顽强斗志和坚韧毅力；在人品上，她坚强勇敢，永不低头，严于律己，对人真挚，身在异乡却心系祖国，不谋私利，一生奉献。爱因斯坦高度评价了居里夫人："她一生中最伟大的科学功绩是证明了放射性元素的存在并把它们分离出来，之所以能取得如此成就，靠的不仅是大胆的直觉，还有在难以想象的极端困难的情况下工作的热忱和顽强的精神，这样的困难在实验科学的历史上是罕见的。""在我认识的所有著名人物中，居里夫人是唯一不为荣誉所倾倒的人。"

居里夫人，原名玛丽·斯可罗多夫斯基（Marie Sklodowska Curie，1867—1934），出生在波兰华沙的一个知识分子家庭。她的双亲都是具有爱国主义情怀的知识分子，很重视对孩子学习兴趣和爱国思想的培养。在沙皇统治下，学校中的老师都不能讲波兰语，但父亲的熏陶激发了玛丽"祖国高于一切"的爱国热情和对沙皇统治的愤恨。

当时，在波兰，女子不能上大学，但玛丽的求知欲却非常强烈。她的求知欲来源于强烈的爱国心和社会责任感。她认为，要使祖国重获自由并强大起来，首先要有丰富的知识，要培养良好的素质，且每个人都要完善自己，承担起社会的责任。后来，她以实际行动实现了自己的诺言。为了上大学，玛丽做了 8 年家庭教师，并于 1891 年用攒的钱前往法国巴黎大学理学院物理系学习，从此开始了新的异常艰难的生活历程。

刚到巴黎的玛丽在学习上和生活上都遇到了巨大困难，但酷爱知识的她还是感到很快乐。为了尽快取得学士学位，她每天只睡 4 个小时。她认为，学习新知识是她最大的乐趣。她在回顾这段生活时写道："如果说我有时也感到孤单的话，那么我通常仍然是平静的和满怀着内心喜悦的。我把我的全部精力都集中在学习上了。""每每学到新的东西，我便会兴奋、激动起来。科学奥秘如同一个新的世界渐渐地展现在我的面前，我因而也可以自由地学习它们、掌握它们，这真的让我非常开心。"通过努力，玛丽先后通过了物理与数学的学位考试，其中物理考试第一名、数学考试第二名。她终于在 3 年内实现了尽快完成大学学业的奋斗目标，具备了进行科学研究的能力。她说："我们应该有恒心，尤其要有自信！我们必须相信，我们既然有做某种事情的天赋，那么无论如何都必须把这种事情做成。"

1894 年年初，玛丽从一个科学协会那里得到了测定各种金属磁性的委托书。为了完成这项实验，她被介绍到了皮埃尔·居里（Pierre Curie，1859—1906）的实验室去工作。当这两位同样拥有热爱科学、渴求知识、献身科学的梦想和决心的人相遇之后，他们结下了深厚的情谊。1895 年 7 月 26 日，两人在巴黎举行了婚礼。婚后，两人双双进入实验室继续努力工作。

1896 年，贝克勒尔发现了铀盐具有天然放射性的消息引起了居里夫妇极大的兴趣。这种神秘射线从哪里来？除了铀盐，其他物质是否也有放射性？它们的强度能否比铀盐强？一连串的问题极具挑战性。居里夫人把放射性的深入研究选为博士论文的题目，此后她顽强拼搏，战胜了实验科学史上一个又一个罕见的困难，终于在这个研究方向上取得了巨大成就。她说："我追求的是一种创造之乐，这才是永远的幸福。"

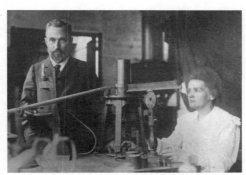

居里夫妇在实验室工作

1898 年年初，居里夫人得到了第一批有意义的成果，她发现钍的化合物也能发出与铀射线相似的射线，且强度相差不多。新放射性元素的发现，使这位女科学家极为兴奋。

随着皮埃尔的加入，科研进展显著加快。她发现，沥青铀矿和铜铀云母这两种矿物的放射强度比铀或者钍要大得多。她初步得出结论：这两种矿物中含有新的放射性更强的元素。经过大规模的实验，她利用物理测量的方法发现了这种新元素，它比纯铀放射性强 400 倍。1898 年 7 月，居里夫人向法国科学院做了报告，并把这种新元素命名为"钋"，以纪念自己的祖国波兰。

1898 年 12 月，她又宣布发现了一种比钋的放射性强很多倍的新元素，并命名为"镭"。这也是采用物理测量找到的新元素。但科学界尤其是化学家对此表示怀疑，他们认为："没有原子量，就没有镭！镭在哪里？拿出来给我们看看。"但这并不能难倒居里夫妇，一场提炼纯净镭的新战斗就此开始了。

此后的 4 年时间，居里夫妇把全部心血都用在了如何分离出镭的研究工作上。德国政治学家和思想家马克思说过："在科学上没有平坦的大道，只有不畏劳苦沿着陡峭山路攀登的人，才有希望达到光辉的顶点。"居里夫妇不但作为物理学家，还化身为化学家、技师、实验员和"水泥工人"，忍受着环境的恶劣，克服了极大的困难，终于在 1902 年提炼出 0.1 g 氯化镭，并初步测定镭的原子量为 225。后来，居里夫人写下这段话："尽管如此，我们却觉得在这个极其简陋的木棚里，度过了我们一生中最美好、最快乐的时光。有时候，实验不能中断，我们便在木棚里随便做点什么当作午餐。有时候，我得用一根与我体重不相上下的大铁棒去搅动沸腾的沥青铀矿渣。傍晚时分工作结束时，我跟散了架似的，连话都懒得说了。"

镭的发现证明了原子衰变的事实，加速了以不变化"物质"观念为基础的机械唯物论的崩溃，从根本上震撼了经典力学的根基。1903 年年底，居里夫妇及贝克勒尔因发现放射性和放射性元素而共同获得诺贝尔物理学奖。和伦琴一样，居里夫妇也放弃了对他们研究方法的专利保护。居里夫人说："我的丈夫和我总是反对从我们的发现中去吸取任何物质利益。我们从一开始就详尽无遗地公布了提取镭的方法。我们没有提出申请专利，也没有自己保有供给者的特权。"此后的 6 年时间里，两人发表了 30 多篇科学论文，包括镭在生理学领域作用的研究、温泉中气体放射性的研究及关于利用放射性衰变测定土壤的研究等。

居里夫妇获诺贝尔奖之后，两人的声望越来越高，巴黎大学聘任皮埃尔出任新开设的一个讲座的教授，还专门为他配了一个实验室，并委任他为实验室主任。1906 年，正当夫妻俩要告别那座旧木棚时，一场横祸降临。4 月 19 日中午，皮埃尔不幸死于车祸。这一沉重打击，使居里夫人极度悲痛。但她很快就抑制住了悲痛，用加倍努力地工作来寄托哀思。1906 年 5 月，巴黎大学决定让她接任皮埃尔的讲座教席。居里夫人成为巴黎大学的第一位女教授。

1910 年，居里夫人在其他科学家的帮助下，提炼出了 21mg 的纯净金属镭，并测定了镭元素的各种特性，完成了一部杰出的专著《论放射性》两卷本，共 971 页。1911 年年底，斯德哥尔摩科学院为了表彰居里夫人发现的放射性元素和提炼、分离出镭的功绩，授予她诺贝尔化学奖。她作为第一位两次荣获诺贝尔奖的科学家而扬名世界。有记者问她为什么不申请专利，居里夫人说："镭是一种元素，它属于世界！""发现了科学，又把它据为己有，这违反科学精神。镭有应用价值，我们就更应该无条件地献出它的秘密！"

1913 年，居里夫人帮助祖国在华沙筹建镭实验室。在动工庆典上，她第一次用波兰语做了科学报告。1914 年，巴黎也成立了一个镭研究所，下设两个实验室，一个是研究放射学的实验室，由她领导；另一个是研究生物和放射疗法的实验室，两个实验室彼此配合，发展镭学。

不久，第一次世界大战爆发，战火弥漫整个欧洲，痛恨侵略者的居里夫人英勇地投入了反侵略战斗。她结合自己的专业特长，立即投入为军队医院组织 X 射线检查和组建医疗站的工作中，并动员镭研究所成员负责培训 X 光技术人员。战争期间，一共培训了 150 名放射科技术人员和护士，为战地救护做出了重要贡献。居里夫人还将自己所有的财产捐献给了国家。

1918 年 11 月 11 日，战争结束，法国获胜，波兰也在这一天独立了，但 50 岁的居里夫人却成了穷人。随后她立即重新投入研究工作中，并写了《放射学和战争》一书，总结了她在战争时期应用和进一步发展 X 射线技术和镭辐射的经验，并激励人们投入为全人类服务的科学研究中去。

1922 年，居里夫人被选为巴黎医学科学院的第一位女院士。1932 年 5 月，她出席了华沙镭研究所的揭幕仪式，最后一次访问了自己的祖国。

1934 年 7 月 4 日，由于放射性物质的长期作用，居里夫人因恶性贫血症病逝，成了她所发现的放射性元素的牺牲者。追悼会上，爱因斯坦致如下悼词："她性格刚强，她思想纯正，她严于律己，她处事客观和廉洁——所有这些品质很少在一个人身上兼而有之。她每时每刻都感到自己是在为社会服务，而她伟大的谦虚不曾给她留下自我欣赏的余地……"

这就是不向命运低头的居里夫人，她的一生十分曲折但光芒万丈，我们敬仰的不仅是她的杰出贡献，更敬佩她把一生都献给她无限热爱的科学事业，献给为全人类造福的信仰。她的名字，将永载史册！

5.3　经典物理学的危机和物理学革命的爆发

19 世纪的最后一天，在欧洲著名的科学家年会上，英国著名物理学家开尔文发表了新年祝词。他在回顾物理学所取得的伟大成就时说，物理学大厦已经落成，所剩只是一些修饰工作。同时，他在展望 20 世纪物理学前景时说道："动力理论肯定了热和光是运动的两种方式，现在，它美丽而晴朗的天空却被两朵"乌云"笼罩了。第一朵"乌云"出现在光的波动理论上，第二朵"乌云"出现在关于能量均分的麦克斯韦-玻尔兹曼理论上。"

第一朵"乌云"涉及的是力学、电磁理论中最基本的物理思想问题。从伽利略的相对性原理出发，绝对静止和绝对匀速运动实际上是不存在的，对物理学来说，可测量的运动只是一个观测者相对于另一个观测者的相对运动。但牛顿经典力学，如对"惯性"下的定义，却是建立在绝对空间和绝对运动的框架上的，这对于运动的相对性来说是一个佯谬，这一困难一直没有办法解决。

奥地利科学家马赫（Ernst Mach，1838—1916）从科学和哲学的角度对绝对运动的观点进行了尖锐的批判。1883 年，马赫出版了《力学及其发展的批判历史概论》。他指出，牛顿这一观点"与他所提出的只研究实在的事实的意图相矛盾"。因为绝对空间和绝对运动"只不过是纯思维的产物，纯理智的构造，它们不可能产生于经验之中。我们所有的力学原理……都是与物体的相对位置和相对运动有关的实验和知识。……任何人都没有理由把这些原理推广到超越经验的范围。事实上，这种推广是毫无意义的，因为没有一个人具有必要的知识去利用它"。

由于马赫的想法涉及经典物理学最基础的概念，超越了当时物理学家的思想，因此没有得到重视。他们反而认为，麦克斯韦电磁场理论的辉煌，说明了电磁波的载体"以太"就是绝对空间。直到迈克耳孙-莫雷实验否定了地球相对于"以太"的运动，物理学家才意识到问题的严重性。而物理学家只看重实验对牛顿力学的批判，不重视马赫基于认识论立场的批判，这反映了当时物理学家对哲学的厌恶心态。

第二朵"乌云"涉及的是热力学和气体动理论。19 世纪末，由于冶金等各方面的需求，寻找辐射强度与光波长之间的函数关系刻不容缓。1896 年，德国实验物理学家维恩（Wilhelm Carl Werner Otto Fritz Franz Wien，1864—1928）建立了一个基于麦克斯韦速度分布律的辐射分布。他的思想是假定黑体的热辐射和气体分子的运动类似，把分子运动的规律用到电磁波里。这种思想和当时正处于辉煌巅峰的麦克斯韦电磁场理论格格不入，物理学家认为这种思想"只不过是猜测而已"，"相当难以接受"。但当人们经历了漫长而艰辛的过程，终于发掘出波粒二象性之后，才发现当时维恩的思想其实是"摸到了量子力学的门槛"。然而，"维恩公式"虽然在短波波段、低温时和实验值吻合得比较好，但到了长波波段和温度较高时，其理论值系统地低于实验值，二者明显不符。

维恩像

1900 年，英国物理学家瑞利（原名约翰·威廉·斯特拉特）（John William Strutt，Third Baron Rayleigh，1842—1919）提出了一个新的辐射分布律。他的思想是假定辐射空腔内的电磁波形成驻波，再根据经典物理的能量均分定理，平均每一驻波都具有相同的能量。1905 年，英国物理学家金斯（James Hopwood Jeans，1877—1946）沿着瑞利的思路，严格导出了与瑞利分布律类似的公式，这就是著名的"瑞利-金斯公式"。和维恩公式刚好相反，在长波波段，瑞利-金斯公式的理论值和实验结果一致。但是随着波长的减小，理论值和实验值之间的分歧越来越大。当波长减小到紫外波段时，辐射能量密度趋向于无限大，公式是发散的。由于从经典物理学的理论来看，瑞利-金斯公式具有无懈可击的逻辑严密性，因此瑞利-金斯公式的困难困扰着物理学家，荷兰物理学家埃伦费斯特（Paul Ehrenfest，1880—1933）把它称为"紫外灾难"。而"紫外灾难"实际上就代表着经典物理的灾难。

瑞利像

金斯像

从辩证唯物主义的观点来看，物理学发展的辩证过程就是从实践中来，再受到实践的检验。在这个过程中，证实了物理理论中正确的东西，摒弃了错误的东西，纠正了其中的不完全性以使物理学得以不断发展。因此，19 世纪末到 20 世纪初的实验新发现与经典物理学的一些基本概念、基本原理之间的尖锐矛盾，必然预示着物理学革命的爆发。

受到机械论的深刻影响，物理学的新发现和旧原理之间的矛盾引起物理学家认知上的严重分歧。有些物理学家千方百计地将实验新发现融入经典物理学的框架中，坚持将经典物理视为绝对真理。荷兰物理学家、数学家洛仑兹（Hendrik Antoon Lorentz，1853—1928）哀叹说："在今天，人们提出了与昨天完全相反的主张，这就无所谓真理的标准了，我真后悔没有在这些矛盾出现时的五年前死去。"有些物理学家用形而上学机械唯物主义的观点来解释新发现，得出了错误的结论，为唯心主义打开了大门，甚至就此陷入了唯心主义的泥沼。法国物理学家乌尔维格说"原子非物质化了，物质消失了"，企图驳倒唯物主义。还有些物理学家认为物理学面临严重的危机：放射性和镭的发热现象推翻了质量守恒定律；"以太漂移"说被实验否定，推翻了伽利略的相对性原理；电磁作用以有限速度传播，使电荷之间的相互作用违反了牛顿第三定律等。法国科学哲学家雷伊在1907年出版的《现代物理学家的物理学理论》中描述了这样的悲观情绪："传统机械论的破产，确切地说，它所受到的批判造成了如下论点：科学也破产了；物理学失去了一切教育价值；物理学所代表的实证科学的精神成为虚伪而危险的精神。"

面对当时物理学混乱又悲观的局面，1908年，列宁出版了《唯物主义和经验批判主义》一书，对物理学上的重大发现和所谓的物理学危机从哲学角度进行了深入的分析，并对各式各样不正确的思潮进行了批判。列宁认为：所谓物理学的"危机"不过是唯心主义向唯物主义发起进攻的一个借口。物质唯一的特性就是客观存在，而且存在于我们意识之外。所谓物质消失，消失的不是物质本身，而是人们认识物质所达到的界限，也就是说我们的知识正在深化。物质的实质或者实体也是相对性的，它们只是人对客体的认知。日益发展的人类科学在认知自然界上的这一切里程碑都是暂时的、相对的、近似的。现代物理学正在临产中，它正在产生辩证唯物主义，这不是什么"危机"，而是一场伟大的革命。列宁的论述澄清了人们头脑中糊涂的观念，起到了拨云见日的作用。

20世纪初，这场伟大的革命爆发了。20世纪上半叶，物理学的新进展迅速呈现：1900年，普朗克（Max Planck，1858—1947）提出量子假说；1905年，爱因斯坦（Albert Einstein，1879—1955）发表狭义相对论；1911年，卢瑟福（Ernest Rutherford，1871—1937）建立原子有核模型；1912年，劳厄（Max Theodor Felix Von Laue，1879—1960）完成X射线衍射实验，证实了晶体结构的存在；1913年，玻尔（Niels Henrik David Bohr，1885—1962）提出氢原子轨道量子化并解释了光谱的产生；1916年，爱因斯坦发表广义相对论；1922年，玻尔提出元素周期表的结构法则；1924—1926年，德布罗意（Louis Victor de Broglie，1892—1987）、海森堡（Werner Karl Heisenberg，1901—1976）、玻恩（Max Born，1882—1970）和薛定谔（（Erwin Schrödinger，1887—1961）建立量子力学；1928 年，狄拉克（Paul Adrien Maurice Dirac，1902—1984)提出相对论量子力学；1932 年，查德威克（James Chadwick，1891—1974）发现中子；1938 年，哈恩（Otto Hahn，1879—1968）等人发现原子核裂变等。这些新发现标志着这场物理学革命规模巨大，且深入物理学的基本思想之中。

第 6 章　相对论的建立与发展

相对论的建立可以说是 20 世纪自然科学最伟大的发现之一，它使物理学的发展和人们的认识从低速运动进入高速运动领域，对物理学、天文学乃至哲学思想都有深远的影响。相对论是关于时空和引力的基本理论，是在运用经典理论来解决高速运动的电磁现象的失败中诞生的。爱因斯坦认为，相对论的兴起是科学技术发展到一定阶段的必然产物，是由于旧理论中的严重而深刻的矛盾已经无法避免。相对论揭示了物质运动与时间、空间的关系，分为狭义相对论和广义相对论两部分，前者研究惯性系之间高速相对运动时所产生的观测效应，后者则把惯性系中所研究的问题推广到非惯性系，从而发展成一种引力理论。

6.1　相对论诞生的背景和先驱者的思想

19 世纪末，"迈克耳孙-莫雷实验"与"以太漂移说"之间的矛盾，从光学方面打开了一个缺口，直接促成了相对论的诞生。

"以太"观念的提出可以追溯到古希腊时代。亚里士多德认为天体间充满某种媒质，这种媒质就是以太。自 1800 年起，光的波动说的兴起让以太学说重新抬头。从纵波理论来看，光的传播一定要有载体存在，光可以在宇宙的天体之间传播，因此光的载体就是以太。以太是绝对静止的，而且对物体运动不产生阻力。此后，麦克斯韦在建立电磁场理论的过程中，更是把电磁场解释为是以太中的一种特殊状态。由于以太是一种假想的物质，人们为了解释光和电磁现象，只能根据光和电磁现象的行为，推测以太的特性，却始终无法直接通过实验证明以太的实际存在。

1725—1728 年，英国天文学家詹姆斯·布拉雷德（James Bradley，1693—1762）对恒星的方位进行了一系列精确测量，把恒星一年四季的位置折算到天顶后发现都呈椭圆轨迹。他领悟到这是由于地球以椭圆轨道绕着太阳运动及光速有限所致。1729 年，他在《哲学杂志》上发表题为《一种新的恒星运动的说明》的论文，从光速有限的假设来解释光行差现象，受到广泛关注。

光行差是指运动着的观测者观察到光的方向与同一时间同一地点静止的观测者观察到的方向有偏差的现象。从本质上说，光行差现象的产生是由于光速有限及光源与观察者存在相对运动造成的。如果把光的传播和地球的运动看作相互独立，光行差可以由速度叠加的原理解释。

物理学家很快就意识到，由于光在透明介质中的传播速度不同，通过透明物质来观测恒星时，光行差也应该不同。1810 年，阿拉果做了一个实验：用消色差棱镜加于望远镜视场的半边，然后用望远镜观测恒星。但实际观察结果却是经过棱镜和不经过棱镜的两边，光行差相同。这说明，经典的速度叠加原理不适用于光的传播。为了解释这个实验结果，阿拉果提出一个人眼选择光速的假设。

菲涅耳认为阿拉果的解释不符合实际，并于 1818 年提出了部分曳引假说：在透明物体中，以太可以部分地被这一物体拖曳，且透明物体的折射率决定被拖曳的以太的密度。用这个理论可以解释光行差现象，也可以解释阿拉果的实验结果。

1846 年，英国物理学家斯托克斯（George Gabriel Stokes，1819—1903）对菲涅耳的假设表示异议，他认为菲涅耳的理论建立在一切物体对以太都是透明的基础之上，这明显是不合理的。他把黏性液体运动理论用于以太漂移运动，提出了完全曳引假说：在运动物体表面，以太会被运动物体完全拖曳。用这个理论也可以解释阿拉果的实验。

1851 年，斐索做了一个在流水中比较光速的实验，实验结果支持了菲涅耳的部分曳引假说。他让一个大的 U 形玻璃管注满水，并让水沿着一个方向流动，再让来自同一光源的两束光分别顺着和逆着水流的方向通过玻璃管之后相遇，观测干涉条纹的移动情况。由于菲涅耳的假说建立在以太的基础上，人们随后开始了探索以太的实验。人们设想，只要测量以太相对于地球的漂移速度，就可以证实以太的存在并探求以太的性质。

直到 1879 年，仍然没有一个实验能够测出所谓的以太漂移速度。1881 年，迈克耳孙设计出一种新的干涉系统——迈克耳孙干涉仪，可以利用彼此垂直的两束相干光比较光速的差异，从而测定以太漂移的速度。出乎意料的是，迈克耳孙经过多次实验，结果看到的条纹移动几乎都为零。他只好做出结论："结果只能解释为干涉条纹没有位移。可见，静止以太的假设是不对的。"

迈克耳孙像

此后，越来越多的人参与到实验中。瑞利和开尔文鼓励迈克耳孙再次进行实验。于是迈克耳孙和爱德华·威廉姆斯·莫雷（Edward Williams Morley，1838—1923）合作，进一步改进了干涉仪并进行实验。实验前，迈克耳孙根据已知数据，对干涉条纹移动的预期值进行了计算，应该可以移动 0.4 个条纹。由于这种干涉仪灵敏度很高，条纹的移动在当时的实验技术上是完全可以观测到的。可是他们发现结果还是和以前一样，并没有看到干涉条纹的移动。他们把实验结果发表后，科学界大为震惊，这个零结果对菲涅耳的假说是个致命的打击。为了解释实验结果，迈克耳孙和莫雷倾向于斯托克斯的完全曳引假说，认为地球表面附近的以太完全被地球的运动拖曳了，和地球运动的速度是相同的，只有在离开地球表面一定高度的地方，才可以认为以太是静止的，所以测不到两者的相对运动速度。但是，从这个假说必然又会引出一个结论，就是运动物体表面附近应该有一个具有速度梯度的区域。

1892 年，英国物理学家洛奇（Oliver Joseph Lodge，1851—1940）设计了钢盘转动实验来探测这个速度梯度区域。他把两块相距仅 1in、直径达 3 in 的大钢盘平行安装在电机的轴上，让它们高速旋转。一束光线经半镀银面分成两路相干光，分别沿着相反的方向，绕四方框架在钢盘之间走三圈，再会合产生干涉条纹。如果钢盘可以带动附近的以太旋转，则两路光线的时间差会造成干涉条纹的移动。但实验结果是，无论钢盘转速如何，钢盘正转与反转造成的条纹移动都微不足道。这样一来，斯托克斯的完全曳引假说也与实验事实之间产生了矛盾。

由此可见，当时绝大多数物理学家都相信以太是存在的，因为以太这个概念作为绝对运动的代表，是经典物理学和经典时空观的基础。如今这根支撑着经典物理学大厦的梁柱虽然被一个实验否定了，但物理学家对到达光辉顶峰的经典物理学还是充满了信心。为了维护以太的存在，不少人从不同的角度对实验的失败做出了解释。

1889 年，爱尔兰物理学家费兹杰惹（George Fitzgerald，1851—1901）在向英国《科学》杂志投寄的信件中写道："我建议，唯一可能协调这种对立的假说的方法就是要假设物体的长度会发生变化，其改变量跟穿过以太的速度与光速之比的平方成正比。"他认为，由于量杆相对于以太运动，组成量杆的带电粒子将会产生磁场，这个磁场改变了粒子间的间距，从而使量杆变短。这样一来，由于收缩效应，就不会看到干涉条纹的移动。然而，《科学》杂志不久就停刊了，他的观点鲜为人知。后来，在他学生的宣传下，他的观点才慢慢为人所知晓。

1892 年，荷兰物理学家洛仑兹也从牛顿的时空观出发，独立地提出了物体沿着运动方向的收缩假说。他假设当物体运动时，物体内部各个分子之间会出现一种力，使物体在运动方向上产生了长度收缩。1897 年，电子被发现之后，洛仑兹研究了单个电子的力学。1904 年，他发表论文《运动速度远小于光速体系中的电磁现象》，提出当电子在以太中运动时，电子将会从圆球变成椭球（沿着运动方向半径变短）。他在论文中严密地论证了长度收缩假说，并给出了能够使麦克斯韦方程组的形式相对于不同惯性系都保持不变的坐标转换关系——"洛仑兹变换"。

洛仑兹像

洛仑兹变换本身和爱因斯坦狭义相对论推导出的坐标变换形式上完全相同，但洛仑兹和爱因斯坦的物理思想是有本质区别的。洛仑兹提出的长度收缩效应仍然没有跳出以太假说的框架，是在保留以太的前提下，采取修修补补的方法，人为地不断引入大量假设，以符合新的事实。而且，洛仑兹当时提出的坐标变换是在强行保持麦克斯韦方程组不变的条件下创立起来的"构造性"理论。他虽然创造了"地方时"的思想，却只是把它看作一个辅助的数学量，忽略了它自身的重大物理意义，以致与狭义相对论的发现失之交臂。

洛仑兹的研究引起了法国数学家和哲学家彭加勒的注意。1895 年，他对洛仑兹的研究给予了高度评价，但也一针见血地指出洛仑兹的理论"总是忙于提出新的假设以应付新的事实"。他认为，应该从某些基本假设出发，提出在任何情况下都能证明电磁现象与坐标系无关的理论。1898 年，他发表论文《时间的测量》，首次提出：光应具有不变的速度，且各向同性。他认为，绝对时间、绝对空间都是不存在的；两个事件历时相等的说法是毫无意义的；"同时"也应该具有相对性。

1904 年，彭加勒正式提出普遍的相对性原理。他说："根据这个原理，无论是对于固定的观察者还是对于做匀速运动的观察者，物理定律应该是相同的。因此，没有任何实验方法用来识别我们自身是否处在匀速运动之中。"他预感到物理学上将有重大突破，他说："也许我们还要构造一种全新的力学，我们只不过是成功地瞥见了它。在这种力学中，惯性随着速度而增加，光速会变为不可逾越的极限。

通常比较简单的力学可能依然是一级近似，因为它对于不太大的速度是正确的，以至于在新动力学中还可以找到旧动力学。"这些思想都表明彭加勒的一只脚已经迈入了相对论的大门。

但遗憾的是，彭加勒最终还是没能彻底甩掉经验主义的包袱，没能完全迈入相对论的殿堂。从他的论文中可以发现，他坚持认为，在新力学中，人们应该把"运动着的物体在它们的运动方向上受到均匀的收缩"作为基本假设之一。这表明，他没有真正了解相对论的基本特性，不相信长度收缩是运动学效应，不明白长度收缩是爱因斯坦狭义相对论中"光速不变"和"相对性原理"两个基本假设得到的自然结果。

6.2　爱因斯坦与相对论

爱因斯坦（Albert Einstein，1879—1955）于 1879 年 3 月出生在德国的一个犹太家庭。上学后，他成绩平平，老师说他智力迟钝。但实际上，爱因斯坦很爱动脑筋，对科学怀有强烈的好奇心。1896 年，爱因斯坦进入苏黎世联邦工业大学学习。在此期间，他广泛阅读了很多物理学大师的著作。但由于他不信任权威，他与老师之间相处得不太愉快。1900 年大学毕业后，在同学的帮助下，爱因斯坦谋到了一份专利局的工作。他在认真工作的同时，探索科技动向，并开始钻研数学和物理，开启了他人生中第一个辉煌的篇章。1905 年，爱因斯坦发表了关于"光量子假说""狭义相对论""质能关系"的三篇论文。这三篇论文都是现代物理学的基础。1913 年，爱因斯坦任柏林威廉皇家物理研究所所长兼柏林大学教授，并在 1916 年迎来人生中的第二个辉煌的篇章，就是广义相对论的建立。1921 年，爱因斯坦获诺贝尔物理学奖。1933 年，受德国纳粹迫害，爱因斯坦移居美国，任普林斯顿研究所研究员。1955 年 4 月 18 日，爱因斯坦因大动脉破裂而去世。

爱因斯坦像

在这里，我们可以用一句话来概括爱因斯坦建立相对论基本原理的思路：物理学的历史就是相对性认识逐渐深化的历史，原本被认为是绝对的东西，在认识深化的过程中逐渐显示出其相对性的本质。

1. 狭义相对论的建立

根据经典物理中的相对性原理，所有的惯性系都是等价的，不可能存在一个优越的惯性系，以它作为标准来判断其他惯性系是绝对静止还是绝对运动。但这一原理对麦克斯韦方程组不再有效。按照经典力学，一个观测者无论受到多小的外力，只要作用时间足够长，最后都可以达到光速。这时如果再观察光波，光的波动性就消失了。可是，麦克斯韦电磁场理论并未给出这种可能性，它表明光速是个常数，与光源的相对运动无关，与观察者的速度也无关。当时的物理学家普遍认为，麦克斯韦方程组是用"以太"作为绝对静止的参考系的，以太参考系要优越于其他参考系。而迈克耳孙-莫雷实验的失败实际上就是在用实验事实说明以太根本不存在。但是，要物理学家承认这一点实在太难了。爱因斯坦在开始时也不相信，直到大家寻找以太的实验都失败之后，他才得出结论："如果我们承认迈克耳孙的零结果是事实，那么地球相对于以太运动的想法就是错误的……虽然地球在环绕太阳运动，但地球的运动不能由任何光学实验检测出来。"

爱因斯坦敏锐地发现了麦克斯韦方程组隐藏的不对称性，这个不对称性的产生就起因于光速 c。而且，"以太"的特殊地位也引起了爱因斯坦的不满，他认为"这种不对称似乎不是现象所固有的"。

对于相对性原理，爱因斯坦有自己的想法。当时很多人认为，相对性原理只能称为力学相对性原理，只对力学现象有效，对电磁学现象不再有效。对于这种缩小相对性原理应用范围的想法，爱因斯坦持反对态度。他认为：如果电磁现象具有特殊性，自然现象就缺乏和谐与统一；应该把相对性原理提高到"主导原则"上来考虑，应该是任何现象都满足相对性原理。

然而，扩大相对性原理的使用范围，使之适用于电磁学领域，会遇到一个很大的困难：如果承认麦克斯韦方程组在所有惯性系中都成立，那么光速就只能对所有惯性系都不变，是一个常数。这与伽利略变换相矛盾，而且这种矛盾已经涉及经典物理的一些传统观念。这样，在爱因斯坦面前有两条路：一是扩大相对性原理的使用范围，承认相对性原理对一切现象都适合，承认光速不变；二是继续坚持牛顿力学的基础——伽利略变换，毕竟几百年来各种各样的事实都证明伽利略变换是正确的，但这样的结果就缩小了相对性原理的使用范围。

爱因斯坦显然想选择第一条路，但是前面的矛盾又如何解决？经过种种尝试和长时间的思索之后，爱因斯坦终于领悟到，问题出在经典物理"不言自明"的最基本的概念上，这就是时间！伽利略变换是建立在"同时"的绝对性的基础上的，在新力学理论中应该抛弃。时间应该是相对的，时间与速度之间有不可分的联系。应该把光速不变作为一条基本原理，与扩大范围之后的相对性原理一起作为新理论的理论基础。在这两个基本原理的基础上，再假定时间和空间是均匀的，便可以轻而易举地得到不同惯性系时空的变换关系——洛伦兹变换，以及由此引出的一些运动学和动力学上的效应。就这样，狭义相对论诞生了！它完美地揭示了时间和空间的相对性和统一性！

狭义相对论引发了时空观的重大变革，甚至深入影响到了物理思想和哲学思想的进步与突破。它解释了时间是物质运动持续性和顺序性的体现，空间是物质运动广延性的体现，加深了人们对物质和运动内在联系的认识，因而是人类对自然界认识过程中思想上的一次飞跃。时间和空间反应物质运动的基本属性，具有客观实在性。没有脱离物质运动的时间和空间，也没有不在时间和空间中运动的物质。因此从哲学的角度来看，狭义相对论的时空观是与马克思主义哲学原理相一致的，是辩证唯物主义的体现。法国物理学家德布罗意说相对论像"光彩夺目的火箭，它在黑暗的夜空，突然划出一道道十分强烈的光辉，照亮了广阔的未知领域"。

1905 年 6 月，爱因斯坦完成了长篇论文《论动体的电动力学》，完整地提出了狭义相对论，由此开始了一场时空观的革命。这篇论文分为运动学和电动力学两个部分。在运动学部分中，爱因斯坦运用理想实验操作方法定义了两只处于不同地点的时钟的同步性，然后根据相对性原理和光速不变原理推导出洛伦兹变换，论证了时间和空间的相对性。在电动力学部分，爱因斯坦证明了不同坐标系中麦克斯韦方程组在洛伦兹变换下具有协变性，从而消除了麦克斯韦电动力学应用到运动物体上时引起的不对称性。文中还说明了多普勒效应和光行差现象，得出了光的频率变换定律和光压公式，还导出了电子运动方程及其质能关系式。

1905 年 9 月，在相对论动力学的基础上，爱因斯坦写了一篇短文《物体的惯性同它所含的能量有关吗》，提出质能关系式，揭示了物质和运动的内在联系，充分体现了物质与运动的统一性，为 20 世纪 40 年代实现的核能的释放和利用开辟了道路。

然而，狭义相对论刚提出的前几年，人们并不接受这套理论，认为它根本无法理解。波兰物理学家利奥波德·因菲尔德（Leopold Infeld，1898—1968）描述了当时的状况："这些新概念起初几乎一点儿影响也没有……只是在过了大约 4 年的时间才开始有反应。就科学认识而言，这是一段很长的时间。"

2．广义相对论的建立

爱因斯坦的物理思想远远超越了同时代的物理学家。当大部分物理学家对狭义相对论带来的重大变革还没完全理解的时候，爱因斯坦却发现了狭义相对论仍然有一种"内在的不对称性"。他指出："当我通过狭义相对论得到了一切所谓惯性系对于表示自然规律的等效性时，就自然地引起了这样的问题：坐标系有没有更进一步的等效性呢……在物理学上说起来，惯性系似乎占有一种特殊的地位，它使得一切依照别种方式运动的坐标系的使用都显得别扭。"很显然，爱因斯坦是想把相对性原理从惯性系推广到一切参考系中去。

爱因斯坦思考了这样一个问题：如果一个人自由落下，他将感受不到自己的重量，因此在他下落时，他的四周不存在引力场。假如这个人手里拿着的物品在此时松开，那么这个物体相对于下落者将保持静止或者匀速运动状态。这么想来，引力场应该也是相对的，引力的本性在某些参考系中可以局部消除。也就是说，在均匀引力场里一切物体的运动，等效于不存在引力场时，物体在一个匀加速系统中在惯性力作用下的运动。这就是广义相对论的"等效原理"。在等效原理的基础上，相对性原理就可以拓展到非惯性系了。

1907 年，爱因斯坦发表了关于狭义相对论的综述论文《关于相对性原理和由此测出的结论》，在文章的第五部分"相对性原理和引力"中，初步讨论了相对性原理、等效原理、引力红移、光线弯曲和引力能量等问题。1913 年，他撰写论文《广义相对论纲要和引力论》，文中第一次提出了引力场方程，强调了将相对性原理扩展到非惯性参考系的必要性，给出了等效原理的详细表述。在集中精力探索引力场方程的基础上，1915 年 11 月，爱因斯坦一连向普鲁士科学院提交了 4 篇关于广义相对论的论文：在 4 日和 11 日提交的论文《关于广义相对论》中，他给出了满足守恒定律和广义协变性的引力场方程，但增加了一个不必要的限制条件；在 18 日提交的论文《用广义相对论解释水星近日点的进动》中，爱因斯坦第一次用广义相对论推算了水星的剩余进动值，圆满解决了 60 多年来天文学的一大难题；在 25 日提交的论文《引力场方程》，宣告了广义相对论逻辑结构的诞生。1916 年春天，爱因斯坦写了一篇总结性的论文《广义相对论的基础》，对广义相对论进行了系统的论述。在论文中，他证明牛顿引力理论可以作为相对论引力理论的一级近似，并从引力场方程出发推导出引力场中量杆和时钟的性质、光谱线引力红移、引力场中光线弯曲和行星轨道近日点进动等具体结论。他认为："物理学的定律必须具有这样的性质，它们对于无论以哪种方式运动着的参考系都是成立的。""广义相对论使物理学没有必要引进惯性系，这是它的根本成就。"

1917 年，爱因斯坦发表了论文《根据广义相对论对宇宙所做的考察》，开创性地将广义相对论应用于宇宙学领域，他认为，宇宙在空间上是有限无边的。1918 年，爱因斯坦发表论文《论引力波》，文中指出对广义相对论引力场方程进行弱场近似处理后，选取适当的坐标系后可以形成一个线性微分方程，这个方程的波动解就是引力波。引力波物理学逐步形成。

1919 年，英国天文学家、物理学家、数学家亚瑟·斯坦利·爱丁顿（Arthur Stanley Eddington，1882—1944）观察到光线的弯曲现象，并拍摄了照片。由此，爱因斯坦成为公众瞩目的人物。相对论由于实现了物理学的第四次大综合——低速运动和高速运动下物理规律的综合与统一，以"勇敢的物理理论"而名扬于世。

2017 年，美国物理学家雷纳·韦斯（Rainer Weiss）、基普·索恩（Kip Thorne）和巴里·巴里什（Barry Barish）因发展激光干涉术探测引力波，构思和设计了激光干涉仪引力波天文台 LIGO，荣获诺贝尔物理学奖。LIGO 于 2015 年 9 月 14 日首次直接探测到双黑洞合并产生的引力波，直接证实了爱因斯坦 100 年前所做的预测。

爱因斯坦是成功的。他创造奇迹的源泉主要包含以下几个方面：第一，他具有高度的社会责任感和强大的推动力。爱因斯坦说："一个人对社会的价值，首先取决于他的感情、思想和行动对增进人类利益有多大作用。"因此可以说，爱因斯坦是一个献身社会的战士。第二，他始终充满好奇心，爱刨根究底地思考和研讨问题。他曾设想"追光实验"，认为不同惯性参考系中的观察者，光速 c 保持不变，这一科学思想对他创建狭义相对论起了关键性的作用。第三，他发奋读书、知识渊博，敢于向旧传统观念和权威挑战，发展和捍卫科学真理。1905 年，正是在对普朗克于 1900 年提出的"量子概念"的一片质疑和反对声中，爱因斯坦敢于"离经叛道"，大胆提出"光量子"假说，勇敢地捍卫和发展了量子论，成为量子物理的先驱之一。第四，他追求科学理论的和谐与自然。他的哲学思想为他的科学探索指明了方向：科学理论应当完备，不存在矛盾和不一致的地方，例如，牛顿运动定律与事实有矛盾，就应该改革；科学理论应当逻辑简单，概念和假设应当尽量少，理论应当简洁，科学应当对称和谐。

第 7 章 量子理论的建立与发展

　　量子力学实现了物理学的第五次大综合——连续性与不连续性（量子性）的综合与统一。量子力学描述的是微观层次上实物和辐射的本性和行为。它的核心观念就是在微观层次上，某些物理量（如能量）是不连续的，或"量子化"的。借用计算机文化的语言，微观世界是"数字的"而不是"模拟的"。1930 年之前，量子论的主要原理就已经出现，其理论也受过多方面的检验和应用，如光谱技术、光电子技术、集成电路、激光器、核物理、材料科学等，但至今这个理论的真正含义仍然有争议，因为"量子化"最初仅仅是作为一个假设提出的。

　　由于量子力学对许多现象做出了精确的预言，它也是人类所发明的最重要的科学理论之一。它从根本上改变了人们对物质结构和物质运动基于经典物理的认识，揭示了微观客体具有波粒二象性。微观粒子具有粒子性，但不是经典意义上的粒子。例如，量子物理中引入的表征微观粒子的能量和动量的是相应的力学算符，从这些算符出发只能得到微观粒子能量和动量的平均值。微观粒子也具有波动性，但不是经典意义上的波动。例如，微观粒子的运动状态用波函数描述，波函数的平方体现的是微观粒子出现在空间位置上的概率密度，是一种"概率波"的波动性。因此，量子力学对微观粒子运动状态的描述完全不同于经典力学。

　　量子力学代表着物理学思想中物质观、测量观与因果观的重要变革，导致了物理学及其哲学影响在根本上的全新发展。因为，它挑战的不仅是牛顿的假设，而且还有更一般的科学假设。

7.1 普朗克的量子假说

　　导致量子力学诞生的重大问题之一，就是黑体辐射。1860 年，德国著名物理学家基尔霍夫（Gustav Robert Kirchhoff，1824—1887）提出了一个黑体辐射中的定律：黑体发射能力只取决于频率和温度，与物体构成的材料无关，由此拉开了一场革命的序幕。在这场革命中，勇敢迈出第一步的是普朗克。

　　普朗克（Max Planck，1858—1947），德国理论物理学家，他对科学的最大贡献是 1900 年提出的量子假说。普朗克于 1858 年 4 月 23 日出生在德国基尔，父亲是一位法学教授。普朗克在 9 岁时考入古典皇家马克西米连大学预科学校，在学校里成绩名列前茅。他热爱数学，中学毕业后，在选择职业时，选择了自然科学。1874 年，普朗克考入慕尼黑大学主攻数学，后来因为对宇宙本质问题产生了浓厚的兴趣而转攻物理。1877 年，普朗克转入柏林大学，1879 年，他获得柏林大学物理学博士学位。1885 年 4 月，基尔大学聘请普朗克担任理论物理学教授。1889 年，普朗克接替了基尔霍夫生前在柏林大学的教职，兼任新设的物理研究所所长。1894 年，他被选为普鲁士科学院物理数学部的学部委员。

普朗克像

从 1896 年起，普朗克对基尔霍夫定律产生了浓厚的兴趣，并开始进行热辐射研究。他最早采用电磁学与热力学相结合的方法，利用赫兹的谐振子与辐射的关系，而不是能量均分定理来研究黑体辐射问题，否则他或许会在 1900 年 6 月瑞利-金斯公式发布之前得到该公式。

普朗克想到，既然维恩公式在短波波段正确，瑞利-金斯公式在长波波段与实验吻合得很好，那么就可以从热力学的普遍关系出发，采用数学内插法得到一个新的公式。1900 年 10 月 19 日，他在柏林德国物理学会的会议上，以专题报告的形式公布了这个新公式——普朗克公式。公式公布当天，就有人通过将它与实验数据进行细致的对比，来验证其正确性。结果发现普朗克公式在整个波长的范围内，都和实验结果吻合得非常好。

但作为理论物理学家，普朗克并不满足已有成绩，决定为这个根据实验数据得到的半经验公式，做出物理上的解释。经过两个月的努力，他按照玻尔兹曼的统计方法，采用类似于熵与概率之间的关系，做了一个大胆的假设：物体在吸收和辐射能量时，能量不按经典物理规定的那样必须是连续的，而是按不连续的、一个最小能量的整数倍跳跃式变化。

1900 年 12 月 14 日，普朗克在德意志物理学会上做了题为《论正常光谱中的能量分布理论》的报告，提出了自己的量子假设，这一天也就成为量子力学的生日。他把最小能量称为"能量子"，每个能量子的能量与频率都成正比，比例系数为常数 h，这就是普朗克常数。他后来回忆道："从 10 月 19 日提出这个公式开始，我就致力于找出这个公式的真正物理意义。这个问题使我直接去考虑熵和概率之间的关系，也就是说，把我引到了玻尔兹曼思想。"

可以说，普朗克的量子理论，就好像普罗米修斯（Prometheus）从天上取来的一粒火种，使人们从传统思想的束缚下获得了解放。但在理论诞生的最初 5 年里，人们只关注普朗克公式的形式，却很少关注量子理论本身。因为从牛顿到麦克斯韦，一切自然过程都被理所当然地看作是连续的。微积分的广泛应用，更是建立在连续性思想的基础上。普朗克自己也没有正确认识到量子理论的意义，他认为自己的理论就只是一个"假设"，甚至尝试将他的量子理论纳入经典理论体系中去，企图用能量的连续性代替不连续性，为此，他花费了很多精力，但最后还是证明了这种企图是徒劳的。但正因如此，普朗克坚信，能量子将在物理学中发挥巨大的作用！

1905 年，在普朗克量子假说的启发下，爱因斯坦提出光量子假说，成功解释了光电效应实验，并因此获得了 1921 年的诺贝尔物理学奖。普朗克因为他的量子假说获得了 1918 年的诺贝尔物理学奖。

7.2　爱因斯坦的光量子理论

1887 年，赫兹在做有关电磁场波动性实验时，偶然发现了光电效应。光电效应是金属受到光照射后释放出电子的现象。然而，根据经典电磁理论定量研究光电效应时，却遇到了难以克服的困难，特别是 1900 年菲利普·勒纳德（Philipp Lenard，1862—1947）的新发现使物理学家感到十分困惑。他在研究光电子从金属表面逸出所具有的能量时，不管是用不同材料做阴极，还是用不同频率的光源去照射，发现都对电子逸出金属表面时的最大速度有影响，唯独光强度与最大速度没有关系。这个结论与经典理论是矛盾的，因为根据经典理论，在电子吸收光的能量时，应该是光强度越大，电子获得的能量就越大，电子的速度也就越快。而且，和经典理论有抵触的实验事实还不只这一点。在勒纳德之前，人们已经遇到了其他矛盾，例如：

（1）光的频率低于某一临界值时，无论光有多强，都不会产生光电流。根据经典理论，应该没有频率的限制。

（2）光一照到金属表面，光电流就立即产生。根据经典理论，能量总要有一个积累过程，因此电子逸出金属表面需要时间。

　　这些矛盾揭示了经典理论的不足，光电效应其实是光具有粒子性的实验证据。可是，勒纳德却企图从经典理论出发，强行对上述实验事实做出理论解释。他在1902年提出触发假说，他认为：电子原本就是以某一速度在原子内部运动，光照到原子上，只要光的频率与电子本身的振动频率一致，就发生共振，电子就以其自身的速度从原子内部逸出；所以，在电子的发射过程中，光只起到打开闸门的触发作用；由于原子里电子的振动频率是特定的，只有频率合适的光才能起到触发作用。勒纳德的触发假说很快被人们所接受，当时颇有影响。三年后，勒纳德因为阴极射线的研究获得诺贝尔物理学奖。

勒纳德像

　　与此同时，爱因斯坦却不迷信麦克斯韦电磁场理论，他认为应该寻找一个新的辐射理论来解释实验现象。爱因斯坦明确认识到，辐射场应该具有量子性质，这种量子性质可以推广到光和物质相互作用的过程中。1905年3月，爱因斯坦在德国的《物理学年鉴》上发表著名论文《关于光的产生和转化的一个试探性的观点》，重点讨论了辐射的基本理论，发展了普朗克在热辐射理论中所提出的能量子概念，提出了光量子假说，并用于光的发射和转化过程中。他指出，辐射场本身就是由一个个光量子组成的，每个光量子不仅具有能量，还具有动量。能量不仅以 $\varepsilon=h\nu$ 的形式发射，也以同样的方式一份份地被吸收，光是由具有粒子性的光子所组成的。

　　爱因斯坦应用光量子理论，对光电效应的物理机制做出了解释，并提出了光电方程。他认为：按照光量子理论，光是一群具有不连续能量的光子流。一个光子的全部能量被单个电子吸收后，根据能量守恒定律，电子吸收的光能一部分用来克服逸出功，逸出金属表面；另一部分则转化为自身的初动能，而且这个过程几乎不需要时间累积。

　　爱因斯坦的光量子理论圆满地解释了十几年来一直无法用经典电磁场理论解释的光电效应实验规律。然而，他的理论一提出来，就遭到了几乎所有物理学家的反对。根本原因在于传统观念束缚了人们的思想，把光看成粒子的思想与麦克斯韦电磁理论相抵触。在大家看来，光量子假说的"粒子性"和电磁场理论的"波动性"图像过于矛盾，爱因斯坦自己当时也不清楚要如何摆脱困境。而且，当时所有关于光电效应的实验都比较粗糙，爱因斯坦根据光量子假说提出的遏止电压与频率成正比的线性关系，并没有直接的实验依据。因为测量不同频率下纯粹由光辐射引起的微弱电流，是一件很困难的事情。此外，爱因斯坦提出光量子假说的时候，他的身份只是一个专利局的技术员，而勒纳德却是诺贝尔物理学奖的获得者，这使得人们当时并没有重视爱因斯坦对光电效应实验的理论解释。

　　直到 1916 年，光量子假说终于出现了转机。美国物理学家罗伯特·安德鲁·密立根（Robert Andrews Millikan，1868—1953）用精确的实验证实了光电效应过程中爱因斯坦的光电方程，并从中测定了普朗克常数 h 的数值，与普朗克 1900 年从黑体辐射求得的结果吻合得很好。爱因斯坦对密立根的实验做出了高度评价："我感激密立根关于光电效应的研究，它第一次判决性地证明了在光的影响下电子从固体发射与光的振动周期有关，这一量子论的结果是辐射的粒子结构所特有的性质。"也正是因为密立根的实验全面地证实了爱因斯坦的光电方程，光量子理论才开始得到人们的承认。量子假说是除热辐射之外，量子论的另一个早期应用。

　　1923 年，密立根由于这项工作，获得了诺贝尔物理学奖。在颁奖典礼上，密立根直言不讳地承认，1916 年，他在做光电效应实验时，本来的目的是证明经典理论的正确性，是想证明爱因斯坦提出的光电方程是错误的。在他宣布他的实验证实了光电方程之后，他还声称光量子理论"看上去是站不住脚的"。

密立根像

不仅密立根在 1916 年还不相信光量子假说，大部分物理学家当时也都还没有最后确认光量子假说。直到 1923 年，美国物理学家阿瑟·霍利·康普顿（Arthur Holly Compton，1892—1962）的论文强有力地表明了光量子假说的实在性。这是一篇关于"康普顿效应"的论文，标志着物理学思想的一个转折点。论文中，康普顿放弃了经典理论，大胆采用光量子假说解释了康普顿效应，并导出了波长变化与散射角之间的关系。这个关系式与实验数据十分吻合。康普顿写道："……几乎不再怀疑伦琴射线是一种量子现象了……验证理论的实验令人信服地表明，辐射量子不仅具有能量，而且具有一定方向的冲量。"

至此，光量子理论获得了胜利，光"波粒二象性"的本质被揭开了，这是光的波动性与粒子性矛盾的对立与统一。若仅仅认为光具有波动性，就无法解释光电效应和康普顿效应。同样，若只承认光的粒子性，就无法解释它的干涉、衍射现象。二者都不能从单方面对光进行客观全面的科学解释。因此，只有从辩证统一的角度出发，才能接近科学的真理。

7.3　卢瑟福的有核原子模型

19 世纪末，热力学"唯能论"取得相当的成功，支持者众多，因此否定"原子论"的思想在当时影响很大。他们认为，从实验上证实原子的存在是不可能的，原子假说没有前途。其中包括普朗克，他认为原子论和气体动理论正将人们引向毫无收效的方向。为此，玻尔兹曼曾经因为坚决拥护原子论而长期孤军奋战，最终精神崩溃，于 1906 年自杀。

在一系列的实验新发现和新理论诞生之后，原子假说重新激发了人们的兴趣。到了 1911 年，对原子存在的问题已经不再有人质疑。汤姆生发现电子之后，原子可分有了切实的证据，对原子结构模型的探讨也逐渐成为热门话题。

汤姆生曾经提出了一个原子结构模型——西瓜模型。他借鉴 1902 年开尔文提出的实心带电球的想法，于 1904 年发表论文《论原子的构造：关于沿一圆周等距分布的一些粒子的稳定性和振荡周期的研究》。文中，他提出正电原子球的设想。他认为，原子就好像西瓜瓤一样，是一个带正电的球，电子像西瓜子一样浸于其中，所有电子携带的负电刚好和原子球的正电相互抵消。他还指出，电子在原子中呈环状或者球壳状排列，稳定排列相当于化学性质不活泼的元素，不太稳定的排列相当于化学性质活泼的元素，这样就可以解释元素周期表。而光谱是由于原子受激时，电子的振动造成的。

这种原子模型打破了原子中正负电荷互相对称的观念，在 1910 年之前是影响力最大的一种。因为当时的物理学家在建立原子模型时，仍然采用经典理论框架，他们认为原子内部粒子之间的相互作用是麦克斯韦方程组描述的电荷之间平方反比的作用力。因此，汤姆生模型面临的困境是：一方面要满足经典理论的稳定性要求，另一方面要能解释新的实验事实，而在当时，这两方面根本就是矛盾的。所以尽管他千方百计地改善自己的理论，最终仍然被卢瑟福的有核模型代替了。

据史料记载，最早提出有核模型的人是法国物理学家佩兰。他曾在 1901 年巴黎的一次学术会议上提出过"行星模型"，认为电子像"行星"一样绕着正的"太阳"旋转，但是他没有对这个模型进行论证。

1904 年，日本物理学家长冈半太郎（Nagaoka Hantaro，1865—1950）在他的论文《用粒子系统的运动学阐明线光谱、带光谱和放射性》中，提出土星卫环模型。这也是一种有核模型：电子分布在一个环上，类似于土星环，且间隔角度相等，相互之间的作用力满足平方反比规律。正电荷缩成小球状位于环的中心，环的线度就是原子的线度。但是这种模型结构由于无法满足经典理论提出的稳定性要求，发展遇到困难，长冈本人也没有坚持。

欧内斯特·卢瑟福（Ernest Rutherford，1871—1937），英籍新西兰人，著名物理学家，"原子核物理学之父"，学术界公认他是继法拉第之后最伟大的实验物理学家。他于 1871 年 8 月 30 日出生在新西兰的一个小农场主家庭，从小聪明勤奋，成绩优异，动手能力很强。1886 年，15 岁的卢瑟福破格进入纳尔森学校读书，校长福特非常看重他。1889 年，卢瑟福在福特的支持下，进入新西兰大学的坎特伯雷学院学习，并于 1892 年、1893 年和 1894 年先后获得文学学士、文学硕士和理学学士学位。1895 年，他获得英国剑桥大学的奖学金并进入汤姆生主持的卡文迪许实验室实习。1898 年，在汤姆生的推荐下，卢瑟福担任加拿大麦克吉尔大学的物理学教授。

卢瑟福像

1902 年，卢瑟福经过仔细的研究，提出了原子自然衰变的理论，这个理论打破了道尔顿原子不可分的概念。1903 年，他被选为英国皇家学会会员；1904 年，发表著作《放射学》；1905 年，与德国化学家奥托·哈恩（Otto Hahn，1879—1968）合作发现了铜元素；1907 年，出任曼彻斯特大学的物理系主任，并第一次在实验室里观察到了单个原子核——氦核（α粒子）。1908 年，卢瑟福因证明了放射性是原子的自然衰变而获诺贝尔化学奖。汤姆生曾经高度地评价卢瑟福："在独创的科学研究中，我从未见过有比卢瑟福先生更加热情和干练有为的学生。"1918 年，卢瑟福接替汤姆生，担任卡文迪许实验室主任。1925 年，他当选为英国皇家学会会长；1931 年，受封为纳尔逊男爵。1937 年 10 月 19 日，卢瑟福因病在剑桥逝世，在威斯敏斯特教堂与牛顿和法拉第并排安葬，享年 66 岁。

卢瑟福曾一直热衷于 α 粒子散射实验。他认为，汤姆生提出的西瓜模型应该用带电粒子碰撞去进行试探和验证。1909—1911 年，他在助手盖革（Hans Wilhelm Geiger）和马斯登（Ernest Marsden）的协助下，完成了 α 粒子散射实验。他们用 α 粒子轰击厚度为 10^{-6}m 的金箔。经过多次实验，他们终于发现虽然绝大部分的 α 粒子都能通过金箔，但每 8000～10 000 个 α 粒子中就有一个会大角度反射。卢瑟福说："这就犹如用一发 15in 的炮弹去轰一张薄纸，而炮弹却掉过头来击中你自己一样不可想象⋯⋯这种反向散射应该是一次碰撞的结果。经过计算我看到，如果不假定原子的绝大部分质量集中在很小的核中，则这种现象无论如何是不可能的。正是在此时刻我产生了一个想法：原子有一个很小的集中了电荷的重核。"

卢瑟福于 1911 年、1913 年分别发表论文，提出了有核原子模型：原子中有一个体积很小的带正电荷的核，这个核具有原子的绝大部分质量，电子沿着轨道绕核旋转，就像行星环绕太阳一样。卢瑟福的有核原子模型是物理学思想上的一次革命性发现，它从根本上改变了旧的物质观，使人们对原子的结构有了进一步的了解，同时开辟了原子核物理的新领域，因此卢瑟福被人们尊称为"原子核物理之父"。

但一则以喜，一则以忧。卢瑟福的有核原子模型提出之初，却遭到冷遇，原因在于他的模型依然不能满足经典物理中原子的电学稳定性。因为首先电子绕核做匀速圆周运动时将不断向外辐射电磁波，原子能量会逐渐减小，发射光谱应是连续谱；其次，电子的运动速度不断减小，绕核运动的半径也不断减小，最终电子被原子核捕获后原子湮灭。1911 年召开的第一届索尔威国际物理讨论会的会议记录中完全没有提到卢瑟福的有核原子模型。1913 年，汤姆生进行原子模型系列讲座时，也没有提到过卢瑟福的模型。有人查证过当年的资料，卢瑟福的有核原子模型几乎没有引起任何反响。

然而，以卢瑟福为中心的曼彻斯特大学物理实验室的同事们却团结一致，大家选择了继续坚定地走下去。其中，丹麦来的玻尔十分敬佩卢瑟福和他的学说。1913 年，在卢瑟福有核原子模型的基础上，玻尔提出了著名的氢原子理论。

7.4　玻尔的氢原子理论和对应原理

尼尔斯·玻尔（Niels Henrik David Bohr，1885—1962），丹麦物理学家，1885年 10 月 7 日出生于哥本哈根，父亲是哥本哈根大学教授，对物理学方面的实验很有研究。在父亲的指导下，玻尔学习能力出众，成绩优异。1903 年，玻尔进入哥本哈根大学攻读物理。1907 年，玻尔因完成水的表面张力实验获得哥本哈根科学院金质奖章。1910 年，他完成金属电子论的论文，获得哲学博士学位。1911 年，他赴英国剑桥大学，在汤姆生的卡文迪许实验室学习和工作，并开始接触到普朗克的量子假说。

玻尔像

1912 年，玻尔来到曼彻斯特大学卢瑟福的实验室工作。当时，卢瑟福发表了有核原子模型理论，并组织大家对这一理论进行检验。玻尔参加了 α 粒子散射的实验工作，帮助他们整理数据和撰写论文。虽然卢瑟福提出的有核原子模型受到冷遇，但玻尔却十分敬佩卢瑟福的学问和为人，一直把他当作自己的老师。从那之后，玻尔的兴趣就集中在原子和原子核问题的研究上。他深信卢瑟福的有核原子模型符合客观事实，也非常了解卢瑟福理论所面临的困难。他认为，要解决原子稳定性的问题，就必须依靠量子假说。他曾回忆说："1912 年春天，我开始认为卢瑟福原子中的电子应该受量子的支配。"

回到哥本哈根后，由于当时玻尔并不熟悉光谱学，因此在试图运用量子理论解决原子稳定性时遇到了困难。他的一位朋友，光谱学家汉森（H. M. Hansen，1886—1956）认为原子结构和光谱线之间应该有某种关联，并向他介绍了 1885 年巴耳末提出的，当时还没有找到理论依据的氢原子光谱的经验公式——巴耳末公式。玻尔突然领悟到，可以用电子跃迁的思想来解决原子稳定性问题和解释光谱的成因。玻尔说："当我一看到巴耳末公式，我对整个事情就豁然开朗了。"

此后，玻尔在卢瑟福原子模型的基础上，发展了对氢原子结构的新观点。在卢瑟福的支持和帮助下，他很快就写了题为《论原子和分子结构》的长篇论文，提出了定态跃迁的原子模型，分为三篇发表在 1913 年的《哲学》杂志上。这就是后人所说的"玻尔三部曲"。在论文中，他创造性地将卢瑟福、普朗克和爱因斯坦的物理学思想相结合，成为将量子理论用于解释原子现象的第一人！

他的核心理论包含三条假设。第一条是定态能量假设：原子中电子的轨道不是任意的；电子只能在一些特定的轨道上运动而不辐射电磁波，这时原子处于稳定状态，称为定态，并具有一定的能量。他认为这条假设是"理所当然"的，并在第一篇论文中对定态的能量进行了计算。第二条假设是频率跃迁条件：原子中的电子从高能态跃迁到低能态时，原子将辐射出一个光子，其频率由跃迁条件来决定。玻尔认为这条假设是解释实验事实所必需的，因为这条假设可以推出巴耳末公式，可以成功解释氢原子谱线的规律。第三条假设是轨道角动量量子化：如果电子绕核运动的轨道是圆轨道，则只有电子角动量 P 等于 $h/2\pi$ 整数倍的那些轨道才是稳定的。在这个过程中，他运用了在以后经典量子论中一直起指导作用的"对应原理"，并在第二篇论文中就以角动量量子化条件作为出发点，处理氢原子的状态问题，得到了能量、角频率和轨道半径的量子方程。

可以看到，玻尔把量子理论的思想开创性地应用到原子理论中去，不但成功地解决了氢原子的有核模型的稳定性问题，还推出了里德堡常数，很好地描述了氢光谱的规律。因此，玻尔三部曲可以看作量子论的又一次成功。1914—1915 年间，他的理论由于得到了实验的验证，迅速获得公认。

1916 年，玻尔接受了哥本哈根大学的理论物理教席。1920 年，在他的建议下，哥本哈根大学成立了理论物理研究所，他担任所长。由于玻尔坚持"不怕在年轻人面前暴露自己的愚蠢"，他的研究所吸引了很多青年物理学家的加入，如海森堡、泡利、狄拉克等。在他们的共同努力下，这些物理学家逐渐发展并建立了大名鼎鼎的"哥本哈根学派"，成就了一大批人才。1922 年，玻尔获得了诺贝尔物理学奖。

玻尔之所以成功，在于他全面地继承了前人的工作，正确地加以综合，在旧的经典理论和新的实验事实之间的矛盾面前，勇敢地承认新实验事实，冲破旧理论的束缚，从而建立了能基本适用于原子现象的定态跃迁理论模型。海森堡在评价玻尔的时候说道："玻尔对物理学和我们这个世纪物理学家的影响，比其他任何人都要大，甚至超越爱因斯坦。"

当然，客观来看，氢原子理论也有不足之处，如无法解释光谱强度；无法解释塞曼效应；无法用于比氢原子更复杂的原子；把微观粒子的运动视为有确定的轨道也是不正确的。因此，氢原子理论是半经典的量子论，存在逻辑上的缺点，既把微观粒子看成遵守经典力学的质点，同时又强行赋予它们量子化的特征。因为当时在没有建立量子力学和发现电子自旋之前，所有这些努力往往都是在经典理论中加上某些量子条件，所以称为旧量子论。这是经典理论到纯量子理论的过渡期，现在某些理论只存在历史意义，早就被量子理论代替了。

德国物理学家、慕尼黑大学的著名理论物理教授索末菲（Sommerfeld, Arnold Johannes Wilhelm，1868—1951），20 世纪物理学界最伟大的导师之一，被称为"现代量子力学教父"，曾把玻尔原子理论扩充到包括椭圆轨道理论和相对论的精细结构理论中去。

索末菲曾对电子理论做过系统研究，也是相对论的支持者。1911 年，索末菲开始研究量子理论，并将洛仑兹弹性束缚电子理论推广到反常塞曼效应中。1914 年，在开设系列讲座《塞曼效应和光谱线》时，他讲述了玻尔的理论并广泛讨论了玻尔理论的推广，其中包括椭圆轨道理论和相对论修正。

他提出"空间量子化"的概念，为斯塔克效应和塞曼效应提供了满意的描述。1922 年，斯特恩和盖拉赫用实验证实了空间量子化的实际存在。索末菲在电子的周期运动中引入相对论，证明电子在有心力的作用下将做玫瑰花环形的运动，或者做近核点缓慢进动和以原子核为焦点之一的椭圆运动。这样一来，能级就是多重的，就可以对氢原子光谱的精细结构做出理论解释。

1919 年，索末菲出版了《原子结构与光谱》一书，系统阐述了他的理论；1920 年，他又对碱金属的谱线做出了解释。但索末菲的研究方法仍然存在很多困难，如光谱强度问题等，最根本的出路还是需要建立一套适用于微观体系的崭新理论！

在这里，还应该特别注意玻尔提出的一个重要物理思想：对应原理。一般认为，对应原理是玻尔在 1923 年提出的，但这个思想早在 1913 年，玻尔三部曲中的第二部中就已经体现出来了。玻尔曾经指出，当量子数很大时，普朗克常数 h 表征的分立效应不明显而趋向连续极限，旧的经典规律和新的量子规律之间存在某种对应关系。这就是对应原理的思想萌芽。

玻尔经过逐步推广之后，将对应原理的思想萌芽发展为一个重要的原理。其发展过程可分为三个阶段：首先，在简单周期体系中考虑经典描述和量子跃迁之间的渐近关系；其次，将这种关系推广到多周期体系中；最后，上述形式的对应关系不但在大量子数的极限下是成立的，而且在任意量子数的情况下也是成立的。最后一步推广是质的飞跃，对应原理的意义得到了极大的升华，它对量子理论的进一步发展起到了很大的推动作用。

对应原理实际上意味着量子理论能以一定的方式同经典理论一致起来。因此，对应原理在两个相互矛盾的理论体系（宏观物理学与微观物理学）之间建起了一座"桥梁"，给人们指出了一条进入微观领域的可能走得通的道路。埃伦费斯特在谈论对应原理的历史作用时曾经指出："玻尔关于对应关系的那些文章更深远的意义，还在于这些文章使我们能够更接近一种未来的理论。借助于那种理论，我们期望能够克服当我们处理辐射现象时，同时应用经典方法和量子方法时所遇到的困难。"

7.5　量子力学的建立与发展

玻尔提出氢原子理论之后，旧量子论的发展停滞不前，人们开始意识到，建立新理论刻不容缓。德布罗意指出："从一切迹象来看，我们必须着手建立一个新的力学，量子概念应该在其基本公理中取得自己的位置，而不像旧量子论那样是附加上去的。"正在这时，量子论有了新的突破，量子力学快速兴起并发展起来。

1. 德布罗意的物质波假说

爱因斯坦说："玻尔理论是走向更深远、更普遍理论的一个过渡性理论。"在这个过渡中，德布罗意起了非常重要的作用。1924 年，德布罗意受爱因斯坦光量子假说的启发，提出物质波假说。他指出，实物粒子和光子一样，具有波粒二象性。

路易·维克多·德布罗意（Louis Victor·Duc de Broglie，1892—1987），法国理论物理学家，物质波理论的创立者，量子力学的奠基人之一。1892 年 8 月 15 日，德布罗意出生于法国贵族家庭，他从小酷爱读书，于 1913 年毕业于巴黎大学文理院，获得文学学士和硕士学位。受哥哥物理学家莫里斯（Maurice de Broglie，1875—1960）的影响，德布罗意开始对物理产生兴趣。

德布罗意像

1911 年，第一届索尔威国际物理讨论会主题是关于辐射和量子论的。德布罗意在哥哥那里看到会议文件之后，决心到哥哥所在的实验室专门从事物理研究。法国物理学家和数学家布里渊（Marcel Brillouin，1854—1948）在 1919—1922 年间发表过一系列论文，提出了一种能解释玻尔定态跃迁原子模型的理论。他设想原子核周围的以太会因为电子的运动而激发一种波，这种波相互干涉。电子轨道半径适当时，轨道上能够形成环绕原子核的驻波。此时，原子才是稳定的，因而轨道半径是量子化的。这一见解启发了德布罗意。他吸收了布里渊的驻波思想，但是去掉了以太的概念，把以太引起的波动性直接赋予电子本身，大胆设想波粒二象性不只局限于光现象，实物粒子也具有同样的特性。

1923 年 9 月 10 日，法国科学院《会议通报》上刊登了德布罗意的第一篇探讨实物粒子波动性的论文《波动和量子》。在文中，他引入了一个"与运动粒子相缔结的假想的波"，用这种波形成的驻波分析得到了电子绕核运动的量子化条件。9 月 24 日，他发表第二篇论文《光量子、衍射和干涉》。在文中，他首次引入"相波"的概念，试图回答与运动的实物粒子相缔结的波到底是什么波，并预言一束电子穿过一个非常小的孔时会发生衍射现象。10 月 8 日，他发表了第三篇关于波和量子的论文——《量子、气体运动论及费马原理》，进一步对几何光学和经典力学做出了类比。他把费马原理推广到了"相波"之中，证明了粒子的运动也能表述为最小作用量原理的形式，于是"连接几何光学和动力学的两大原理的基本关系，得以完全清晰。"

论文发表后，并没有引起多大反响，因为德布罗意的这个思想太新颖了，以至于大多数人都认为这是荒谬的。德布罗意的导师，法国物理学家保罗·朗之万（Paul Langevin，1872—1946）却认为，普朗克、爱因斯坦和玻尔的新理论都曾被认为是荒谬的，说不定德布罗意的论文也会有很高的价值，于是他把德布罗意的论文寄给了爱因斯坦。爱因斯坦没有想到自己创立的光的波粒二象性在德布罗意手里发展成了如此丰富的内容，他称赞德布罗意"揭开了大幕的一角"。他写了一篇关于量子统计的论文，在其中特意介绍了德布罗意的工作。这样一来，德布罗意的论文引起了薛定谔、玻恩、海森堡等物理学家的重视。

德布罗意设想的，有可能观察到电子的波动性的衍射实验，后来也成功实现了。1927 年，美国实验物理学家戴维孙（Clinton Joseph Davisson，1881—1958）和英国著名物理学家、电子的发现者汤姆生的儿子——G. P. 汤姆生（George Paget Thomson，1892—1975）都做出了电子衍射实验，这样一来电子等基本粒子的波粒二象性从实验中被证实了，一门新理论即将诞生。

1929 年，德布罗意因为物质波假说获得了诺贝尔物理学奖。戴维孙和汤姆生因电子的衍射实验共同获得了 1937 年的诺贝尔物理学奖。

2. 薛定谔波动力学的兴起

由于爱因斯坦的推荐，德布罗意的理论引起了学术界的关注。奥地利物理学家薛定谔也仔细阅读了德布罗意的论文。他在 1926 年 4 月写给爱因斯坦的信中写道："如果不是您的论文使我注意到德布罗意思想的重要性的话，我的整个工作恐怕还未开始呢。"

埃尔温·薛定谔（Erwin Schrödinger，1887—1961），1887 年 8 月 12 日出生于维也纳。他从小成绩名列前茅，中学毕业后进入维也纳大学学习，1910 年获得哲学博士学位；1911 年开始担任实验物理研究所的助手，主持物理学的大型实验课。1921 年起，薛定谔在瑞士苏黎世大学担任教授职务。在此期间，他提出了量子力学中描述微观粒子运动状态的基本定律——薛定谔方程，确定了波函数的变化规律，创立了波动力学。因发展了原子理论，他和狄拉克共同获得了 1933 年的诺贝尔物理学奖。1937 年，薛定谔荣获普朗克奖章。他曾提出薛定谔猫的思想实验，试图证明量子力学在宏观条件下的不完备性，还研究过有关热学的统计理论问题，主要著作有《波动力学四讲》《统计热力学》等。

薛定谔像

狄拉克像

薛定谔曾经被著名化学家、物理学家德拜（Peter Joseph Wilhelm Debye，1884—1966）指定在苏黎世定期召开的讨论会上做有关德布罗意工作的报告。在报告结束后，德拜认为德布罗意的假说既然涉及波动性，就应该建立波动方程。薛定谔接纳了他的建议，将经典力学和几何光学进行了对比，提出了波动方程。原本薛定谔是想建立一个相对论性运动方程，但当时电子自旋的概念还没有被提出，因此在关于氢原子光谱精细结构的理论上与实验不符，他只好改用非相对论性波动方程，即薛定谔方程。

　　1926 年 1—6 月，薛定谔以《作为一个独立问题的量子化》为题，在《物理学年鉴》上连续发表了 4 篇论文，试图在宏观力学和微观力学之间架起桥梁。他系统阐明了波动力学的理论，提出了量子力学中著名的薛定谔方程。他深信，原子内部的力学就应当是波动力学。

　　薛定谔提出的波动力学形式简单明了，数学方法基本就是解偏微分方程，易于掌握，因此得到了物理学家的高度赞扬。薛定谔方程后来更是成为原子时代物理学文献中应用最广泛的公式。但使人们普遍感到困惑的是波函数的物理意义并不明确。薛定谔曾经在第一篇论文中指出波函数是实在的，表示原子的振动过程，比电子轨道更接近实际情况。但在第二篇论文中，他又认为波函数表示的是德布罗意相波，试图用彻底的波动理论来构建物理图像。

　　1926 年，德国物理学家玻恩（Max Born，1882—1970）对波函数的物理意义做了补充。他认为，必须找出使粒子和波一致起来的新途径来解释波函数。他受到爱因斯坦"光波振幅解释为光子出现的概率密度"的启示，也将某处物质波强度和该处粒子出现的概率两方面进行了衔接。同年 6 月，他发表论文《散射过程的量子力学》，文中指出，物质波在某一地方的强度和在该处找到它所代表的粒子的概率成正比，物质波是一种概率波。这样的解释，由于原子散射实验的证实，很快得到了哥本哈根学派的赞同，不久波动力学被普遍接受。

玻恩像

　　玻恩对波函数的概率解释采用的是爱因斯坦的物理思想，但令人吃惊的是，爱因斯坦、薛定谔等人却是概率解释最坚定的反对者。他们认为统计性的描述不可能是完备的、彻底的和最终的。爱因斯坦直到去世都坚持认为："上帝不是掷骰子的。"当时，如何理解量子力学的本质和哲学意义，形成了两个学派：一个是以玻尔为首的哥本哈根学派，另一个则是以爱因斯坦和薛定谔为首的学派。两个学派就量子力学的完备性展开了长期争论，直到玻尔和爱因斯坦去世仍没有结束。

许多著名物理学家、哲学家、实验物理学家、数学家等都卷入其中。这场争论之深刻、广泛，在科学史上是罕见的。两派物理学家都非常认真地思考对方的观点，并提出自己的论据。从某种意义上讲，这场争论也是量子力学理论发展的一个组成部分，使量子力学的意义不断得到澄清，并逐渐深入地揭示了量子力学的本质含义。

3. 海森堡建立矩阵力学

在薛定谔发表波动力学论文之前，海森堡在题为《关于运动学和动力学关系的量子论的重新解释》的论文中，阐述了他的另一套关于量子力学的方案，就是矩阵力学。

海森堡像

维纳尔·海森堡（Werner Heisenberg，1901—1976），德国物理学家，索末菲的学生。1923 年，他在慕尼黑完成了能量转换理论方面的博士论文，取得了博士学位，随后到哥廷根大学，当了玻恩的助手。

1924 年，玻尔被邀请到哥廷根讲学，索末菲带着海森堡一起去听讲。海森堡发表的意见引起了玻尔的注意，玻尔邀请海森堡去自己的理论物理研究所做研究。对于玻尔的原子模型，海森堡认为，要解决新的物理问题，就需要大胆的思维，应该"以哥伦布为榜样，勇于离开他已熟悉的世界，怀着近乎狂热的希望到大洋彼岸找到新的大陆"。

1925 年 5 月底，海森堡开始抛弃玻尔的电子轨道概念和有关经典运动学的物理量，采用另一种研究方法，就是把可以直接观测的量，直接安排在数学方程里。随后，海森堡将玻尔的对应原理加以发展，试图用来建立一个新力学的数学方案时，他发现他建立的竟然是一个连自己也十分陌生的数学方案。其最大的特征就是两个量的乘积取决于它们相乘的顺序，乘法运算不满足交换律。他当时还不知道这就是矩阵计算，也对这个新方案没什么把握，于是他把论文拿给自己的老师玻恩，请教他有没有价值。

玻恩经过几天的思考，认出海森堡用来表示观察量的二维数集就是线性代数中的矩阵，如果用矩阵运算来发展海森堡的数学处理方案，那么海森堡的方法就有可能发展成为一种普遍的理论。玻恩意识到海森堡的工作非常有意义，立即推荐发表，并找到数学家帕斯库尔·约尔丹（Pascual Jordan），三人开始合作运用矩阵方法为海森堡的思想建立一套严密的数学基础。1925 年 11 月，三人合作发表了论文，奠定了量子力学的基础，从此海森堡的理论被称为"矩阵力学"。

然而，当时的物理学家很难接受这种矩阵形式的量子力学。而且，由于海森堡的独创性极强，对于他的"奇思妙想"，如强调光谱线的非连续性、摒弃绝对时空的经典描述等，物理学家也表示抗拒。因此，直到 1927 年量子力学已经基本确立的时候，海森堡的论文才逐步得到认可。

矩阵力学和波动力学从形式和数学观点来看完全不同：矩阵力学用的是代数方法，强调不连续性，基本概念是粒子；而波动力学采用的是分析方法，强调连续性，基本概念是波动。但令人吃惊的是，它们的结果却相符。因为它们描述的是同一物理现象，它们之间一定存在着内在的联系。薛定谔表示："它们的进一步发展将不会相互冲突，相反，正由于它们的出发点和方法截然相异，它们可以补充，取长补短。"在他的第四篇论文中，他宣称"将要揭示海森堡的量子力学和我的波动力学之间的极其本质的内在联系"，并证明了矩阵力学和波动力学的等价性。后来，英国理论物理学家狄拉克（Paul Adrien Maurice Dirac，1902—1984）提出了普遍的变换理论，使两种力学进一步得到统一，被统称为"量子力学"。

1932 年，海森堡因为创立矩阵力学获得诺贝尔物理学奖。

4．海森堡的测不准关系和玻尔的互补原理

海森堡创立的矩阵力学有一个前提，就是电子轨道以及任何一种运动轨迹都是不可观测的，但是从威尔逊云室的照片上却可以精确追踪到电子的运动。这个矛盾一直困扰着海森堡。

爱因斯坦说："在原则上，试图单靠可观察量来建立理论，那是完全错误的。实际上，恰恰相反，是理论决定我们能观察到的东西。"海森堡深以为然。1927年 2 月，他决定去研究怎样才能在新力学的基础上对云室中的电子径迹进行解释。经过反复思考，他说："我们常常信口开河地说，云室中的电子径迹一定能观察到，但我们真正观察到的比实际中的要少得多。也许我们只是看到电子所通过的一系列分立的、轮廓模糊的点。事实上，我们在云室中所看到的一个团块，仅仅是比电子大得多的单个水滴。因此，正确的提问应该是这样：量子力学能够说明发现一个电子的事实，电子本身是不是处在大体给定的位置上并以大致给定的速度运动呢？我们能使这些给定的近似值接近到不至于引起经验上的异议吗？"他认为一定要从修改描述问题的方法入手才行，在微观领域里谈论一个粒子具有确定的速度和位置，本身就是毫无意义的。

1927 年 3 月，海森堡发表论文《关于量子理论运动学与力学的可观测内容》，提出了测不准关系，也叫不确定关系。他认为，这种不确定性就是量子力学中统计关系的来源。

测不准关系的提出，在哥本哈根学派内引起了强烈反响，泡利（Wolfgang Pauli，1900—1958）等甚至把测不准关系当作量子力学的出发点。但是玻尔只同意海森堡的结论，不同意海森堡的思想基础。海森堡认为测不准关系给出了坐标和动量、能量和时间这些经典概念在微观层次中的适用界限，玻尔却认为这一原理表明必须同等应用波动性和粒子性才能对物理现象提供完备描述；海森堡对粒子的波动性持轻视的态度，认为测不准关系源于不连续性，玻尔却认为测不准关系起源于波粒二象性；海森堡认为只需要采用粒子语言或者波动语言中的一种，就可以对物理问题做出最佳描述，只是要受到测不准关系的限制，玻尔却认为必须要兼用两种语言，对物理现象的描述，这两方面是互斥的，但互斥的两方面又都不可缺少。

1927 年 9 月，玻尔将这些思想发展为"互补原理"，并以《量子公设和原子论的新进展》为题，在意大利科摩召开的国际物理会议上做了报告。他指出：对经典理论来说是互相排斥的不同性质，在量子理论中却成了互相补充的一些侧面，波粒二象性就是互补的表现。并且，无论是哪一种图像都不能向我们提供微观客体的完整描述；只有把这两种图像结合起来、相互补充，才能提供微观客体的完整描述。1929 年，他进一步指出：同一客体的完备阐述，可能需要用到一些不同的观点，它们否定了一种唯一的表述。这种互补概念适用于整个物理学，甚至成为一种哲学原理。

此后，玻尔没有把互补原理局限在量子物理中，而是开始向其他领域推广。他把互补原理于 1930 年推广到统计力学，1932 年推广到生物学中，1938 年推广到研究人类学中。随着研究的深入，不仅绝大多数物理学家接受了互补原理，其他许多科学领域的学者也都承认了互补原理的普遍性。例如，数学家兼哲学家贡瑟特（G.Gonsetll）认为，互补原理在一切系统性研究领域中都具有潜在的适用性！

总之，量子力学的建立冲破了经典物理的局限。量子力学的迅速发展，成为我们研究微观世界的有力武器。涌现出的一批物理学家为追求真理而勇于探索的精神，也成为我们学习的榜样。

参考文献

[1] 郭奕玲，沈慧君. 物理学史[M]. 2 版. 北京：清华大学出版社，2005.

[2] 胡化凯. 物理学史二十讲[M].合肥：中国科技大学出版社，2009.

[3] 倪光炯，王炎森. 物理与文化——物理思想与人文精神的融合[M]. 3 版. 北京：高等教育出版社，2015.

[4] 束炳如，倪汉彬，杜正国. 物理学家传[M]. 长沙：湖南教育出版社，1985.

[5] 王小平，王丽军，寇志起. 物理学史与物理学方法论[M]. 北京：机械工业出版社，2019.

[6] 沙振舜，钟伟. 简明物理学史[M]. 2 版. 南京：南京大学出版社，2015.

[7] 朱鋐雄. 物理学思想概论[M]. 北京：清华大学出版社，2009.

[8] 杨建邺. 物理学之美[M]. 北京：北京大学出版社，2019.

[9] 戴剑锋，李维学，王青. 物理学发展与科技进步[M]. 北京：化学工业出版社，2005.

[10] 杨仲耆，申先甲. 物理学思想史[M]. 长沙：湖南教育出版社，1993.

[11] 王炎森. 物理大师的追寻[M]. 上海：复旦大学出版社，2015.

[12] 李增智，吴亚非，孟湛祥，等. 物理学中的人文文化[M]. 北京：科学出版社，2005.

[13] 申先甲，杨建邺. 近代物理学思想史[M]. 上海：上海科学技术文献出版社，2021.

[14] [美] M. H. 沙摩斯. 物理学史上的重要实验[M]. 史耀远，郁明康，刘孟朝，等译. 北京：科学出版社，1985.